电力电子技术

曾凡琳　李吉功　黄雷　王迪　主编

天津大学出版社
TIANJIN UNIVERSITY PRESS

内 容 简 介

本书以高等学校自动化专业人才培养基本要求为指导,以培养新时代高素质人才为目标,配合促进教学改革工作,系统讲解了电力电子技术。全书共8章,第1章为电力电子技术概述,为本书学习的基础,可以帮助读者对电力电子技术形成整体印象,并从分析方法、知识结构、仿真工具掌握等方面为后续章节做好学习准备;第2章为电力电子器件,主要介绍电力电子电路需要用到的半导体开关器件。第3~6章,分别讲解4种电能变换电路,实现交流-直流、直流-直流、直流-交流、交流-交流的电能转换,使读者从电路的拓扑结构、控制方式、输出分析等方面深入理解电力电子技术;第7章为脉冲宽度调制控制技术,第8章为电力电子开关应用相关技术,均为在不改变电路基本拓扑结构及功能基础上的电路功能提升。

本书可作为高等学校自动化专业、电气工程及其自动化等电类专业的专业教材,也可供相关领域的科研及工程技术人员参考。

图书在版编目(CIP)数据

电力电子技术 / 曾凡琳等主编. -- 天津:天津大学出版社,2022.11
ISBN 978-7-5618-7280-2

Ⅰ.①电… Ⅱ.①曾… Ⅲ.①电力电子技术 Ⅳ.①TM76

中国版本图书馆CIP数据核字(2022)第139839号

DIANLI DIANZI JISHU

出版发行	天津大学出版社
地　　址	天津市卫津路92号天津大学内:邮编(300072)
电　　话	发行部:022-27403647
网　　址	www.tjupress.com.cn
印　　刷	北京盛通商印快线网络科技有限公司
经　　销	全国各地新华书店
开　　本	787mm×1092mm　1/16
印　　张	10.75
字　　数	235千
版　　次	2022年11月第1版
印　　次	2022年11月第1次
定　　价	45.00元

前　言

本书适合电类职教师资人才培养,突出体现专业特色和人才培养需求,结合多年实际教学经验与学情分析反思,为天津市一流专业"自动化"及天津市一流课程"电力电子技术"的配套教材。

本书核心内容为电能变换技术,整体安排体现专业性、师范性与职业性"三性"统一。本书包括整流技术、逆变技术、直流变换技术、交流变换技术、脉冲宽度调制控制技术以及电力电子开关应用技术,可以带领学生进入电力电子技术的学科领域,深入系统学习专业知识,体现专业性。以职教师资综合素质培养提升为主要目标,全书以统一的"分段分析"非线性分析方法,阐述电力电子电路工作原理,从图形定性分析、公式定量计算等多个角度阐述知识要点,并结合多年一线教学经验与学情分析结果,构建动态反馈机制,在教材中加入仿真部分,注重学生动手能力、劳动意识和创新精神的培养,以培养有理想信念、有道德情操、有扎实学识、有仁爱之心的"四有"好老师为目标,体现师范性。加入智能家居、智能出行、智能电网、智能制造等新行业领域应用,引入我国科技发展与行业进步的真实案例,围绕家国情怀、文化素养、师德师风、大国工匠、创新精神等重点,在教材中加入思政元素,体现职业性。

本书中体现了教学改革提出的"探索-体验"式教学模式,主要解决碎片化的知识难以系统掌握,应用灵活性低,学习开环难以实时反馈,电路动态工作过程难以建立形象的思维印象,课程的学习动机不足等教学痛点问题。以学生为中心,以职教师资人才核心素养提升为目标,重构教学知识点形成"树形结构",围绕知识结构体系展开撰写;结合"动手动脑,全面发展"的理念,创新电能应用知识反馈,包含仿真程序的编写内容,并实现能量流、信息流和控制流的"三通";立足于学生的职业规划,与课程思政建设相结合,创设浸入体验式教学环境,教材每章内容加入思政元素,介绍最新的应用案例。本书在编写中重点考虑了以下几点。

(1)体现树形知识结构。第1章给出创新"树形知识结构",学习本书时,就像在大脑中种一棵树,树干为电能变换需求,从用电需求出发进行所有内容的学习。从这个树干上仅分出四个树杈,每一个树杈代表一个典型的电能变换种类,包括交流-直流、直流-交流、交流-交流、直流-直流,作为一级节点。从这四个树杈上继续细分树杈,形成二级节点,内容为电路的核心器件,包括不可控型、半控型和全控型三种类型半导体器件,这些器件作为电子开关担负着调节和转换电能的主要任务。从二级节点上继续细分出来的部分被看作这棵电力电子知识树的树叶,为每个具体的电力电子电路。这些电路挂在树上,有属于自己的树枝,这些树枝就代表了相关的知识结构。重构知识后形成的树形知识结构,将促进读者及学生知识体系的建立。

（2）实现"三通"。本书在讲解电力电子电路时,注重实现"三通"。三通指的是能量流、信息流与控制流的相互连通。能量流为输入输出的交流/直流电,信息流为电力电子元件的控制端输入信息,控制流为调节的控制算法及思路。教材中每章核心知识点均加入仿真环节,打通"能量流""信息流""控制流"的壁垒,实现"三通",让学生在统一的仿真框架下实现电力电子技术的学习。

（3）每章后都有小结和练习题,包括思考题、习题和素质拓展题。增加的体现学生综合素质提升的仿真题,可以引导学生通过动手尝试挖掘知识要点,并将知识点与身边的生产生活联系起来。

鉴于该研究领域内容的丰富性,涉及学科内容发展迅速,而本书作者学识有限,故本书存在疏漏和错误在所难免,殷切希望采用本教材的教师和学生以及各位读者批评、指正,并将意见反馈给我们,以便改进。

编者

2022 年 11 月

于天津职业技术师范大学

目　　录

第1章　电力电子技术概述

第1节　电能变换技术

电能的开发与应用促进了人类文明的进步,在现代社会发展中起到了重大的作用。电能为我们提供了一种既经济实用又易于传递控制的能源形态,存在于百姓生活、工业生产、交通运输、军事国防等各个领域,促进了科技发展、经济腾飞和社会进步。

电能的转换技术来源于各行各业对可控的电力能源的大量需求,依赖于电能容易控制和转换的特点。随着人们生活水平的逐步提升、智能制造业的兴起以及科学技术的进步,各行各业对电能的需求也越来越高,更趋于可控化与定制化。

电力电子技术应用电子元件实现电能变换,涵盖了对电压、电流、频率、波形等的控制和转换。对电能进行灵活的形式转换与控制的电力电子技术,涵盖了电力技术、电子技术和控制技术等相关学科的内容,见表 1-1。

表 1-1　电力电子技术的组成

技术领域	涉及的相关技术描述	特点描述
电力技术	研究发电、输电、变电、配电和用电等环节相关的问题	强电 处理对象为电力
电子技术	研究利用半导体器件及其电路对信号进行处理的相关问题,如信号的放大、信号的计算、信号的产生、信号滤波、信号转换等	弱电 处理对象为信息
控制技术	研究闭环反馈控制系统的相关特性,实现动态系统的自动控制,包括动态闭环系统的稳定性、鲁棒性、暂态性能等	弱电 处理对象为被控系统

电力电子技术实现电能的变换主要是通过控制电力电子器件的通断来完成的,因此是弱电实现控制环节,电量在该部分电路中代表信息。同时电力电子电路承担着电能通路的作用,因此无论是输入电能还是输出电能,都是强电,代表能量。从整体上理解,电力电子电路在完成电能变换的过程中存在三个端口,即电能输入端、电能输出端和控制输入端,如图 1-1 所示。

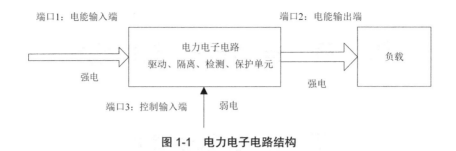

图 1-1   电力电子电路结构

依据电力电子电路输入及输出端口的电能形式,可以将电能变换技术分为交流-直流变换技术、直流-直流变换技术、直流-交流变换技术、交流-交流变换技术四大类,见表1-2。

表 1-2   电能变换技术分类

电能变换	输入电能形式及名称	输出电能形式
交流-直流	交流电为输入,又称 AC-DC 变换器、整流器	直流电为输出,可为固定的直流电压也可为可调可控的直流电压
直流-直流	直流电为输入,又称 DC-DC 变换器、斩波器	直流电为输出,通过调节占空比达到调节直流电压的目的
直流-交流	直流电为输入,又称 DC-AC 变换器、逆变器	交流电为输出,波形可控的交流电
交流-交流	交流电为输入,又称 AC-AC 变换器,通常输入为稳恒的交流电压	交流电为输出,频率、波形可调的交流电

第2节   电力电子技术的典型应用

随着能源需求的不断增长和科学技术的不断发展,电力电子技术也得到了长足发展,其应用涵盖面广、涉及领域多,包含人类社会的方方面面。

1. 智能家居设备电源

随着人们生活品质的提升,智能家居逐步走进我们的生活。家庭中的用电设备越来越多,也越来越智能化,支撑智能家居中各种智能设备供电电源的装置离不开电力电子技术。电能输入家庭的形式较为单一,统一为交流电源,然而使用装置对电源的需求却多种多样,因此电力电子装置作为家庭用电的支持必不可少,如计算机电源、手机充电器、空调系统电源、水暖系统电源、智能语音系统供电装置、智能窗帘控制系统电源、防盗报警系统电源等。

2. 工业生产与智能制造

电能是工业生产中的主要能源供应方式,电动机利用电能转化为机械能,机械的转动为工业生产提供动力,电动机的调速和控制离不开电力电子技术,如电动工具、磨床、搅拌机、锅炉、风机、传送带、机床、焊接等。随着制造水平的不断提升与人工智能技术的飞速发展,智能制造应运而生,在工程设计、工艺实现、生产调度、故障诊断等工业生产的方方面面实现自动化与智能化。电力电子技术为参与生产的智能设备如机器人、工控机等提供高品质的电能,在现代化生产活动中,信息控制电能转化与应用变得更为精确与智能。

3. 安全供电装置

一些关键设备的使用对电能的安全性要求较高,需要不间断稳定供电,确保市电停电时设备仍能正常工作,如需要长时间持续运算的计算机、网络服务设备、数据存储设备、工业连续运行装置、国防用电、核电站、重点单位的通信设备、旅馆的日常供电、大型写字楼及办公楼的日常供电、医院救护供电等。

当正常供电时,不间断电源中的电力电子电路将交流电转化为直流电,得到直流电后,一方面送到电池中储存,另一方面经过不间断电源中的电力电子电路,依据需求转化为所需要的交流电,经过滤波稳压后接给用户负载。当供电中断时,电池立即对不间断电源中的电力电子电路供电,并将电池中的直流电转化为交流电,以保证用户负载供电不间断,如图 1-2 所示。

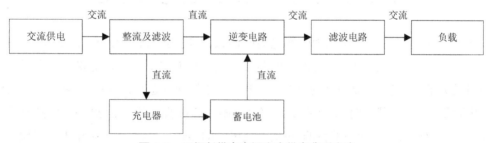

图 1-2　不间断供电电源安全供电典型方案

4. 电力能源系统

电力电子技术在电能的生产、传输过程中也发挥着重要的作用。电能的生产即发电,是指利用发电动力装置将不同形式的能源转化为电能。传统的火力发电是将化石燃料(煤炭、石油、天然气等)燃烧,将其热能转化为电能,随着资源的消耗,各国均开始重视新能源的开发及利用。清洁能源将助力我国"双碳"目标的实现,如水力发电、风力发电、潮汐发电、光伏发电、地热发电等。发电方式的多样使得并入电网的电能形式并不统一,需要采用电力电子技术将电能转化,以并入电网。此外,新能源的开发也意味着发电受到地域条件限制,发电地和用电地往往存在一定的地理距离,需要将生产的电能远距离输送。

在电力传输的过程中,发电厂将交流电通过输电线路送到千家万户,送电距离从几十千米到几百千米甚至几千千米。随着科技的进步和社会的发展,异地清洁能源的开发,用户用电量的大幅提升,远距离送电需求也持续增加,送电的需求容量也越来越大。远距离送电的电力损耗非常大,在降低送电损耗方面,特高压直流(Ultar-High Voltage Direct Current, UHVDC)送电技术优势更为明显。特高压直流输电是指 ±800 kV 及以上电压等级的直流输电及相关技术,具有输送容量特别大、输电距离特别远、输电电压特别高的特点,同时可以用于电力系统非同步联网,其结构如图 1-3 所示。

图 1-3　特高压直流送电技术框图

5. 交通运输

电能在交通运输系统中的应用越来越多,电力电子技术保证了交通运输系统中稳定的电源供给,并能提供动态响应快速且稳定的调速系统,如电动汽车、城市地铁、电气化铁道、磁悬浮列车、舰船等。电力电子技术除了保证多种多样的交通运输工具的能源供给及调速外,还保证了辅助系统的电源供给,如交通工具上的照明系统、交通工具内部环境风调节系统、温度控制系统、控制设备供电系统等。

第3节　开关变流电路的分析方法

电力电子电路的主要作用为改变电能的形式,对电能进行直流与交流之间的转换,同时做到电量的自动控制。电力电子电路实现这一功能主要依靠在电路上增设半导体电气开关元器件,实现电流通路的改变。当开关处于导通状态时,其所在支路将有电流流过,当开关处于关断状态时,其所在支路将被切断。通过改变开关的通断状态,达到控制电能转换电路电流流经通路的目的,进而改变电能的形式。因此,电力电子电路的模型均为带开关的变流电路,其电路的工作状态分析也是依据开关的工作状态进行的。

电力电子电路中将包含一个或多个开关,这些开关的不同导通/关断组合,将对应不同的电流通路,其分析过程一般包括一个周期内开关通断状态的确定、电流通路的确定、电压/电流输出曲线的分析及计算等步骤,见表 1-3,其中 m 为电路中的开关个数,n 为电路的工作状态数。

表 1-3　一个周期内开关变流电路分析示例

电路工作 状态	开关 1 状态	开关 2 状态	……	开关 m 状态	电流通路描述	输出电量分析
状态 1	通 / 断	通 / 断	……	通 / 断	通路 1:电源正端→元器件→开关→负载→电源负端	$t_1 \sim t_2$:电压/电流输出曲线分析
状态 2	通 / 断	通 / 断	……	通 / 断	通路 2:电源正端→元器件→开关→负载→电源负端	$t_2 \sim t_3$:电压/电流输出曲线分析

续表

电路工作 状态	开关 1 状态	开关 2 状态	……	开关 m 状态	电流通路描述	输出电量分析
⋮	⋮	⋮	⋮	⋮	⋮	⋮
状态 n	通/断	通/断	……	通/断	通路 n:电源正端→元器件→开关→负 载→电源负端	t_n~t_n+1:电压/电流输出 曲线分析

通过图 1-1 所示的电力电子电路端口 1,经过开关换流控制后电能被转换传递到端口 2,这个过程相当于对输入端的能源曲线通过端口 3 给出的开关信号进行剪裁,按照开关的通断时间,获得多个电路工作状态。采用分段分析方法,可以获得电力电子电路输出电能的曲线及数值。

【例 1-1】 某电力电子电路的输入为交流电,电压表达式为 $u_i = U\sin\omega t$,其中 U 为输入电压的最大值,周期 T 为 2π。经过转换剪裁后,电力电子器件处于导通状态时间段的输出电压波形如图 1-4 的阴影部分所示,即在一个周期内,当 $\omega t = 0 \sim \dfrac{\pi}{4}$,$\pi \sim 2\pi$ 时输出电压 $u_o = 0$,当 $\omega t = \dfrac{\pi}{4} \sim \pi$ 时输出电压 $u_o = u_i = U\sin\omega t$。试计算一个周期内,输出电压的平均值 U_{od} 和有效值 U_o。

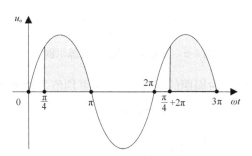

图 1-4　交流电转换剪裁计算示例

【解】 由于该输出电压为周期信号,因此电压平均值为沿电压曲线在一个周期内求积分,并除以该周期值。求平均值的计算过程为

$$U_{od} = \frac{\int_{\frac{\pi}{4}}^{\pi} U\sin\omega t\, d(\omega t)}{T} = -\frac{U}{2\pi}\left(\cos\omega t \Big|_{\frac{\pi}{4}}^{\pi}\right) = -\frac{U}{2\pi}\left(\cos\pi - \cos\frac{\pi}{4}\right)$$

$$= \frac{U}{2\pi}\left(1 + \frac{\sqrt{2}}{2}\right) \approx 0.271\,7U$$

有效值即电压瞬时值的平方求平均值后的平方根,又称为方均根。求有效值的计算过程为

$$U_o = \sqrt{\frac{1}{T}\left(\int_{\frac{\pi}{4}}^{\pi}(U\sin\omega t)^2\,d(\omega t)\right)} = \sqrt{\frac{U^2}{2\pi}\left(\int_{\frac{\pi}{4}}^{\pi}\left(\frac{1-\cos 2\omega t}{2}\right)d(\omega t)\right)}$$

$$= U\sqrt{\frac{1}{2\pi}\left(\int_{\frac{\pi}{4}}^{\pi}\frac{1}{2}\,d(\omega t)\right) - \frac{1}{2\pi}\frac{1}{2}\int_{\frac{\pi}{4}}^{\pi}\cos(2\omega t)\,d(\omega t)}$$

$$= U\sqrt{\frac{1}{4\pi}\left(\pi - \frac{\pi}{4}\right) - \frac{1}{8\pi}\left(\sin 2\omega t\Big|_{\frac{\pi}{4}}^{\pi}\right)} = U\sqrt{\frac{3}{16} - \frac{1}{8\pi}\left(\sin 2\pi - \sin\frac{\pi}{2}\right)}$$

$$\approx 0.674\,1U$$

【**例 1-2**】 某电力电子电路的输入为直流电,电压表达式为 $u_i = U$,其中 U 为输入电压的最大值,经过转换剪裁后,电力电子器件处于导通状态时间段的输出电压波形如图 1-5 的阴影部分所示,周期为 2π,即在一个周期内,当 $\omega t = 0 \sim \frac{\pi}{4}$,$\pi \sim 2\pi$ 时输出电压 $u_o = 0$,当 $\omega t = \frac{\pi}{4} \sim \pi$ 时输出电压 $u_o = u_i = U$。试计算一个周期内,输出电压的平均值 U_{od} 和有效值 U_o。

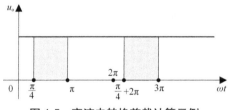

图 1-5   直流电转换剪裁计算示例

【**解**】 由于该输出电压为周期信号,因此电压平均值为沿电压曲线在一个周期内求积分,并除以该周期值。求平均值的计算过程为

$$U_{od} = \frac{\int_{\frac{\pi}{4}}^{\pi} U\,d(\omega t)}{T} = \frac{U\left(\pi - \frac{\pi}{4}\right)}{2\pi} = \frac{3}{8}U$$

求有效值的计算过程为

$$U_o = \sqrt{\frac{1}{T}\left(\int_{\frac{\pi}{4}}^{\pi} U^2\,d(\omega t)\right)} = U\sqrt{\frac{1}{2\pi}\left(\pi - \frac{\pi}{4}\right)} \approx 0.612\,4U$$

第4节   学习方法与知识结构

电力电子技术有着广泛的应用背景,学习电力电子技术的同时要重点关注其应用。电力电子技术的学习以四种典型的电能变换为核心,包括交流-交流、交流-直流、直流-交流、直流-直流。每种典型的电能变换技术在学习时都是紧密围绕各种具体电路展开的,为了更为清晰地掌握本书的整体逻辑关系和脉络,建议采用树形知识结构的方式构建电

力电子技术所学的相关电路,如图 1-6 所示。

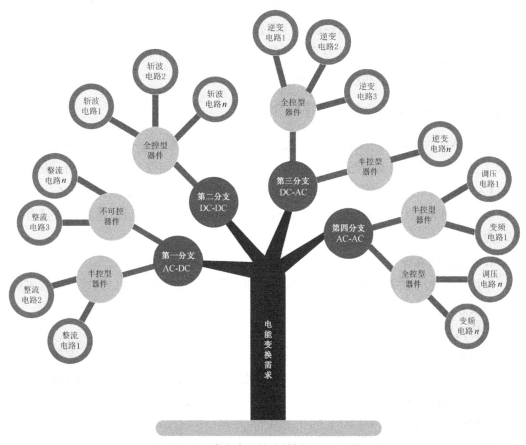

图 1-6　电力电子技术的树形知识结构

AC—Alternating Current,交流电;DC—Direct Current,直流电

　　学习本书时,就像在大脑中种一棵树,树干为电能变换需求,从用电需求出发进行所有内容的学习。从这个树干上仅分出四个树杈,每一个树杈代表了一个典型的电能变换种类,包括交流-直流、直流-交流、交流-交流、直流-直流,作为一级节点。从这四个树杈上继续细分树杈,形成二级节点,内容为电路的核心器件,包括不可控型、半控型和全控型三种类型半导体器件,这些器件作为电子开关担负着调节和转换电能的主要任务。从二级节点上继续细分出来的部分被看作这个电力电子知识树的树叶,为每个具体的电力电子电路。这些电路挂在树上,有属于自己的树枝,这些树枝就代表了相关的知识结构。

第 5 节　电力电子电路仿真工具

　　电力电子电路的工作过程是动态的,相关参数是连续的,由于书上只能给出某一组特定参数的电路图,因此对电力电子技术的描述具有一定的片面性。采用仿真工具对电力电子电路进行仿真,可以做到电路相关参数连续可调,更为全面地对电路工作过程进行展示。此外,实际的电力电子电路有强电也有弱电,涉及的电路模块较多,仿真工具为清晰而方便地展示电路工作过程提供了新的途径。使用仿真工具不仅能对已有的电力电子电路进行仿真分析,还可以为使用者提供方便的电路设计和电路拓扑结构的变换,为电力电子技术的创新研究提供了重要的研究手段。

1.5.1 MATLAB/Simulink 仿真平台介绍

MATLAB 软件善于解决科学计算、复杂工程设计等问题,是一个面对可视化及交互式程序设计的高科技计算环境,具有使用方便、操作简单、功能强大等特点。Simulink 是 MATLAB 软件中的一个可视化仿真平台,采用模块图的方式,进行仿真程序搭建。

本书采用 MATLAB/Simulink 工具进行电力电子电路的仿真分析,仿真过程具有以下特点。

1. 电路结构清晰

采用模块化的方式设计电路拓扑结构,元器件和电路的相关连线结构接近课程讲解的内容及方式。

2. 仿真平台独立

电力电子电路的三个端口均在统一的仿真平台界面上,有助于读者深入掌握电力电子电路的整体工作状态。强电和弱电在一个界面中,能量流和信息流也在一个界面中,能帮助读者深入理解电能转换的控制过程。

3. 图形化数据分析

电力电子电路中的输入电量、输出电量、电力电子器件的控制信号以及时间信息均以数据的形式存储并展示,可以通过绘图的方式对数据进行可视化对比分析。

1.5.2 电力电子电路拓扑结构搭建环境

电力电子电路拓扑结构的搭建将在 Simulink 平台上进行,如图 1-7 所示。中间空白部分可以放置直流电源、交流电源、电力电子器件、负载等,并能进行电路连接和数据输出测试。

点击 Simulink 仿真平台中的相应按钮可以调出 Simulink 模块库浏览器,如图 1-7 右侧界面所示。该模块库浏览器中包含搭建电路拓扑结构需要的各种功能模块。不同类型的模块在不同的子菜单下,通过左侧的子菜单栏可以找到适当的模块进行电路搭建。选中某个模块后,可以用鼠标将该模块拖动复制到 Simulink 仿真平台中,即可进行电路搭建,具有操作简单,模块功能清晰的特点。

在 Simscape(模拟场景)菜单下的 Electrical(电子技术)中的 Specialized Power Systems(专用电力系统)子类中,有电力电子技术需要的相关模块,也可以采用模块名搜索的方式,搜索到相关模块。将所需模块放入 Simulink 仿真平台通过在模块之间连线构建电路图,如图 1-8 所示。经过封装后的功能模块将具备对应电子元器件的特性,在电路中发挥各自的作用,使用者不用了解其内部结构,仅需要关注其外部特性即可。

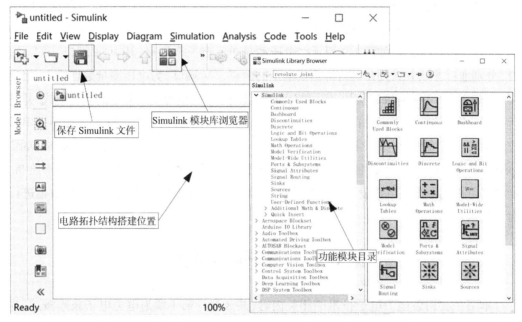

图 1-7　Simulink 仿真平台用于搭建电力电子电路拓扑结构

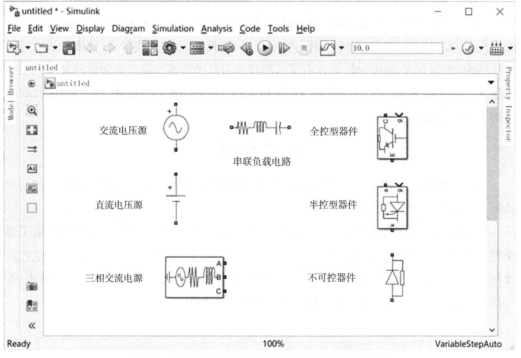

图 1-8　电力电子技术涉及的相关功能模块搭建示例

1.5.3　电力电子电路输出数据的图形化显示分析

Simulink 为在其平台上搭建的电力电子电路提供了数据采集和输出的操作方式,仿真电路将按照程序设定的仿真时间进行运行并计算,电路拓扑结构中的每一条支路的电流、每个元器件两端的电压均是可测量的。测量结果以数据的形式存储,并可以以图形的形式进行可视化展示,如图 1-9 所示。电压测量单元有三个端口,其中“+ 端口”和“− 端口”分别通过并联方式接在电路待测量电压的两点,“V 端口”为电压测量数据输出,接到 Simulink 的“to workspace”模块,即可将电压数据导出,存储为矩阵向量的数据形式,并进行可视化图形绘制。电流测量单元有三个端口,其中“+ 端口”和“− 端口”分别通过串联方式接在电路待测量电流支路,“i 端口”为电压测量数据输出,接到 Simulink 的“to workspace”模块,即可将电压数据导出,存储为矩阵向量的数据形式,并进行可视化图形绘制。绘制的可视化数据图可以设置横坐标及纵坐标范围,并可以同时绘制多个测量数据进行对比显示。

第 6 节　本书内容简介

本书主要讲解电力电子技术的相关内容,共 8 章。第 1 章为电力电子技术概述,为本书学习的基础,主要目标为帮助读者对电力电子技术形成一个整体的印象,并从分析方法、知识结构、仿真工具掌握等方面做好后续章节学习的准备。第 2 章为电力电子器件,主要介绍电力电子电路需要用到的半导体开关器件。第 3~6 章,分别讲解四种电能变换电路,实现交流-直流、直流-直流、直流-交流、交流-交流的电能转换,使读者从电路的拓扑结构、控制方式、输出分析等方面深入理解电力电子技术。第 7 章为脉冲宽度调制控制技术。第 8 章为电力电子开关应用相关技术,均为在不改变电路基本拓扑结构及功能基础上的电路功能提升。

本 章 小 结

本章对电力电子技术进行了概述,旨在帮助读者从整体上对电力电子电路形成初步认知,并做好后续章节学习的准备。

电力电子技术随着电力电子器件的发展而兴起,近年来的经济与科技发展带来了越来越庞大的用电需求,使电能转换技术的应用越来越广泛,这些应用带来了生活、生产以及环境的大变化。更高品质、更清洁环保的用电需求,更高性能的控制技术,电子技术、电力技术的进步,将使电力电子技术更进一步地创新和发展。

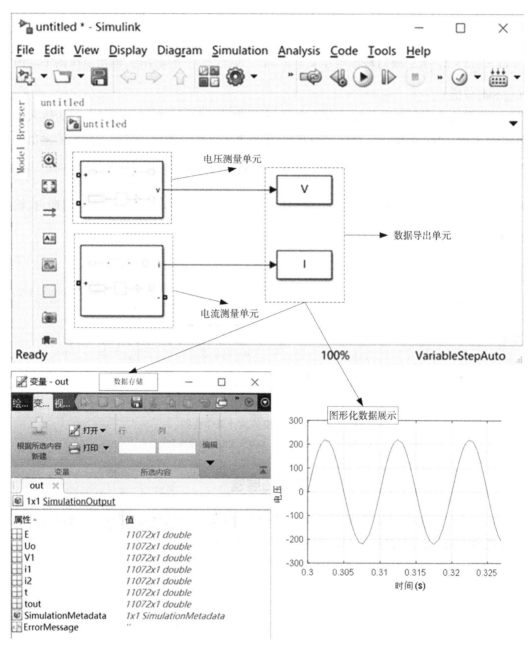

图 1-9   电力电子电路仿真输出数据存储方式

思考题与习题

（1）什么是电能变换技术？其包括几大类，分别有什么功能？

（2）某电力电子电路的输入为直流电，电压表达式为 $u_i = U$，其中 U 为输入电压的最大值，经过转换剪裁后，电力电子器件处于导通状态时间段的输出电压波形如图 1-10（a）

的阴影部分所示,周期为 2π,即在一个周期内,当 $\omega t = 0 \sim \frac{1}{2}\pi, \pi \sim \frac{3}{2}\pi$ 时输出电压 $u_{o} = 0$,当 $\omega t = \frac{1}{2}\pi \sim \pi, \frac{3}{2}\pi \sim 2\pi$ 时输出电压 $u_{o} = u_{i} = U$。试计算一个周期内,输出电压的平均值 U_{od} 和有效值 U_{o}。

（3）某电力电子电路的输入为交流电,电压表达式为 $u_{i} = U\sin\omega t$,其中 U 为输入电压的最大值,周期为 2π。经过转换剪裁后,电力电子器件处于导通状态时间段的输出电压波形如图 1-10（b）的阴影部分所示,即在一个周期内,当 $\omega t = 0 \sim \frac{1}{2}\pi$, $\pi \sim \frac{3}{2}\pi$ 时输出电压 $u_{o} = 0$,当 $\omega t = \frac{1}{2}\pi \sim \pi, \frac{3}{2}\pi \sim 2\pi$ 时输出电压 $u_{o} = u_{i} = U\sin\omega t$。试计算一个周期内,输出电压的平均值 U_{od} 和有效值 U_{o}。

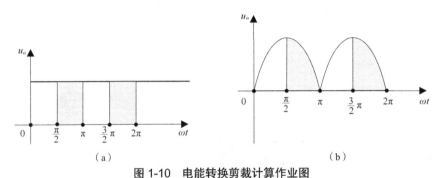

图 1-10 电能转换剪裁计算作业图

（a）直流电转换输出曲线 （b）交流电转换输出曲线

素质拓展题

拍一张身边用电设备的照片,分析一下该设备的输入电能形式是什么,该设备的输出电能形式是什么,该设备是否需要电能转化与控制?

第2章 电力电子器件

第1节 电力电子器件概述

2.1.1 电力电子技术需要的"开关"

电力电子电路需要实现电能的转换与控制,电路中同时涉及"能量流"和"信息流",如图 2-1 所示。"能量流"指的是电能的流动,主要作用为传递电能,形式为交流电或直流电。"信息流"指的是控制信号,主要作用为对电能实现控制,形式为较低电压的电信号。

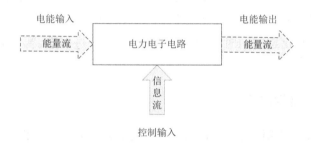

图 2-1 电力电子电路中的"能量流"与"信息流"

"信息流"之所以能够传入电力电子电路并对其产生控制效果,是因为电力电子电路中有一个专门的接收装置,即电力电子器件。该装置可以接收到信息流传递而来的控制信号,同时通过对"能量流"加"开关作用"实现对电能的通断控制,进而达到对电能的转换与控制目的。

开关的作用即在传递电能的通路中,实现电能的阻断及导通控制。理论上理想的开关,将具备关断状态时,端口间阻抗无穷大,漏电流为零;导通状态时,端口间阻抗为零,端电压为零;导通/关断状态之间切换时,开关过渡时间为无穷小;长期反复开关不损坏,使用寿命长;能够承载高电压及高电流的通断控制等特性。

由半导体组成的电子开关,可以实现信息控制下的自动通断,并具备切换时间短、使用寿命长、承载功率大等优势。虽然过渡过程具有一定的漏电流和端电压,但是随着科技的发展,其性能也在逐步完善。逐步发展起来的电力电子器件,支撑着现代电子系统及装备的蓬勃发展。

2.1.2 电力电子器件的概念及特点

电力电子器件(Power Electronic Device)又称功率半导体器件,是一种能量控制元器件,其理论基础为半导体物理。在处理电能的主电路中,通过"开关作用"实现电路通断,完成电力设备电能的变换和控制。其工作电路的功率可以达到数百兆瓦,也可以小到瓦甚至毫瓦级。

电力电子器件可以支撑用电单元灵活、高效地利用电能,实现电能传输、电能驱动等众多功能,因此保证设备正常运行的同时,还将起到有效的节能作用。处理电功率的大小,承载电压及电流的能力,是电力电子器件的重要参数。为了降低器件损耗,提高工作效率,实现节能,电力电子器件一般均工作在开关状态,同时安装时也要考虑散热和能耗等问题。按照开关可控性,电力电子器件可以分为三类:不可控器件、半控型器件和全控型器件。

高新技术产业的发展,伴随着对电能越来越高的需求,电力电子器件组成的电力电子电路致力于将各种一次能源高质量、高效率地转换为各行各业所需要的形式多样的电能,实现电能的个性化定制同时实现节能环保,助力先进制造、智能制造、高科技产业发展。

2.1.3 电力电子器件的应用

电力电子器件将应用于后续第3~8章的电路设计及相关技术中,是整流、逆变、斩波、交流变流等电力电子电路实现电能转化与控制的核心单元。

中国功率器件市场及产业发展一直保持着较快的发展速度,近年来我国功率器件的产量不断提升,国产企业的实力逐步增强。目前中国主要功率半导体厂商具有多条生产线,产能建设较为充分,为国产替代建立了良好的基础;此外在中高端领域,国内厂商研发及量产进度不断加快,聚焦车载、工控、电信基建、轨道交通、智能电网、新能源汽车等众多领域。2020年我国功率器件产量同比上涨 8.4%,产值达到 421 亿元。

2015 年,国务院印发了《中国制造 2025》战略规划,提出了发展新一代半导体材料的任务要求,到 2021 年,多地先后出台相关政策,将相关产业和技术纳入发展规划内容。

第 2 节　电力电子器件的成长与发展

最早的电力电子器件主要以硅、锗半导体材料为主。其发展可以追溯到 1947 年美国贝尔实验室发明的世界上第一只锗基双极型晶体管(Bipolar Junction Transistor, BJT),由于锗基 BJT 在耐高温和抗辐射方面性能较差,逐步被硅基 BJT 取代。

1957 年,美国通用电气公司研制出反向阻断型可控硅(Silicon Controlled Rectifier,

SCR)，又称晶闸管(Thyristor)，开启了小电流控制较大功率的电力电子时代，标志着电力电子技术的形成，电能的变换及控制进入了新的发展时期。晶闸管能在高电压、大电流条件下工作，并逐步开发出了快速晶闸管、双向晶闸管、逆导晶闸管、门极关断晶闸管、光控晶闸管等。

20 世纪 70 年代后期，功率金属氧化物半导体场效晶体管简称功率场效应管开启了高频电力电子技术。功率场效应管工作频率能达到几千赫兹甚至兆赫兹，以更为简单的驱动电路、更小的驱动功率、更快的开关速度、更高的工作频率得到了广泛应用。由于其电流容量小，耐压低，一般主要用于高频、小功率场合。

20 世纪 80 年代，复合型电力电子器件绝缘栅双极型晶体管被发明。该器件由双极型三极管和绝缘栅型场效应管组成，结合了双方的技术优点，驱动功率小、输入阻抗大、导通电阻小、开关损耗低、工作频率高、开关速度快，适合频率高、电压 600 V 及以上的变流系统。后续又迭代发展了多代，并发展出高压功率集成电路和智能功率集成模块。该类电力电子器件是电能传输与变换的核心器件，作为国家战略性新兴产业，在智能电网、轨道牵引、航空航天、电动汽车、新能源设备等领域有着广泛的应用。

21 世纪初，为了突破硅材料的极限，继续提升功率器件的性能，各国产业龙头相继开始了以氮化镓(GaN)和碳化硅(SiC)、氧化锌(ZnO)、金刚石为代表的宽禁带(Wide Bangap，WBG)第三代半导体材料的研发。该类器件工作频率高、动态损耗小、导通电阻低、耐温高、发热量低、系统更加紧凑轻量，适用于高压、高温、高频等领域。有望实现手机、电脑等智能设备的充电一体化，促进可携带互联网技术(Internet Technology，IT)终端产品的发展；推进更高效的新能源汽车发展；支持第五代移动通信技术(5th-Generation Mobile Communication Technology，5G)新基建领域；推动轨道交通、智能制造、智慧能源等应用领域的发展。

第 3 节　不可控器件

不可控器件的主要特点为没有控制端，无法通过从信息流中接收控制信息而实现通断。典型的该类器件为电力二极管。

2.3.1　电力二极管

1. 器件描述

电力二极管(Power Diode)在 20 世纪 50 年代初就获得了应用，也被称为半导体整流器。其结构及电气符号如图 2-2 所示，它是由一个较大的 PN 结经封装后构成的，具有 PN 结的单向导电性。P 型半导体的一边接引线形成电力二极管的阳极 A(anode)，N 型半导体的一边接引线形成电力二极管的阴极 K(cathode)。从外观上看，该器件有 A 和

K 两个引脚,其电气符号与之对应也包含两个端口。

图2-2　电力二极管结构及电气符号

(a)结构图　(b)电气符号

2. 工作特性

当电力二极管接在电路中工作时,阳极与阴极两个端口之间将有电压U_{AK},并形成器件电流I_A,如图 2-3 所示。

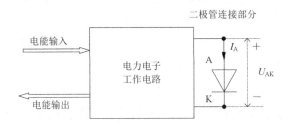

图2-3　电力二极管工作电压及电流定义

电压与电流之间的关系称为器件的伏安特性,代表了其工作特性。将器件阳极与阴极之间的电压值U_{AK}作为横轴,流过器件的电流I_A作为纵轴,绘制伏安特性曲线,如图 2-4 所示。当电力二极管两端电压高于门槛电压 U_{TO} 时,将会大幅上升,导通电阻很小,相当于开关"导通"。导通后的电力二极管工作电流 I_F 具体取值将取决于电力电子电路的其他部分,不同的导通电流对应的器件工作电压 U_F 差异不大。在坐标轴的左半边,当电力二极管两端电压低于零,即接反向电压时,电力二极管的导通电流称为反向饱和电流 I_{RR},该电流数值很小,且基本保持不变,导通电阻相当大,相当于开关"关断"。当然,如果反向电压过大,超过反向击穿电压 U_B,电力二极管也会发生击穿,即电流大幅升高,开关失去关断作用。

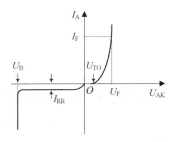

图2-4　电力二极管伏安特性曲线

可见电力二极管在电力电子电路中充当电子开关时,一般工作在"关断"和"导通"两个工作状态。其工作状态之间的改变取决于外接电路的电压取值,即利用了电力电子电路中的"能量流"通路主电路,如果主电路中电量可以由正变负,或由负变正,则电力二极管就可以顺利完成"关断"和"导通"两个状态之间的切换。电力二极管作为电子开关,无须电力电子电路另配"信息流"通路,无法接收外接控制信号。

3. 主要参数

与普通二极管相比,电力二极管承受电流更大,反向耐压更高。主要参数包括:额定正向平均电流 $I_{F(AV)}$,在制定管壳温度和散热条件下允许流过的最大工频(50 Hz)正弦半波电流平均值;正向导通电压 U_F,在指定温度下,流过某一指定的稳态正向电流时对应的正向压降;反向重复峰值电压 U_{RRM},能够重复施加的反向最高峰值电压;反向漏电流 I_{RR},又称反向饱和电流,为电力二极管对应反向重复峰值电压时的反向电流;最高工作结温 T_{JM},电力二极管管芯 PN 结不致损坏所能承受的最高平均温度。

正向平均电流是按照电流的发热效应来定义的,选取电力二极管时应留有一定裕量。而且当使用在频率较高的场合时,开关损耗将会升高,带来的发热也会随之增加。反向重复峰值电压通常是击穿电压 U_B 的 2/3,使用时,额定电压一般选择电力二极管能承受的反向最高峰值电压的两倍,并增加一定的安全裕量。最高工作结温通常在125~175 ℃,多用于开关频率低于 1 kHz 的电路。

2.3.2　其他二极管类器件

快速恢复二极管(Fast Recovery Diode,FRD),是一种反向恢复时间短的半导体二极管。反向恢复时间是指二极管电流由正向通过零点转换到规定低值的时间间隔,在高频电路中将影响电路整体技术性能,是一个重要的技术指标。快速恢复二极管的反向恢复过程一般在 5 μs 以内。

肖特基二极管(Schottky Barrier Diode,SBD),是以发明人肖特基(Schottky)博士的名字命名的一种二极管,其利用金属与半导体接触形成的结构原理构成,以贵金属(金、银、铝、铂等)为阳极,以 N 型半导体为阴极。肖特基二极管正向恢复过程电压过冲较小,反向耐压较低时正向压降也较小,因此其开关损耗小,效率高。由于其反向耐压提高的同时正向压降也会升高,因此多用于 200 V 以下的低压工况。

第 4 节　半控型器件

半控型器件相比于不可控器件的主要优势在于其多了一个外部控制端,可以从电力电子电路"信息流"中接收控制信息,进而实现更为灵活的开关通断控制,丰富电能转换形式,提高电能转换与控制效果。

2.4.1 晶闸管

1. 器件描述

晶闸管(Thyristor)即晶体闸流管,其发明年又称电力电子元年,标志着电力电子技术的形成。其结构及电气符号如图 2-5 所示,它是由四层半导体构成的三个 PN 结经封装后构成的。最左边的 P 型半导体接引线形成晶闸管的阳极 A(anode),最右边的 N 型半导体接引线形成晶闸管的阴极 K(cathode),中间的 P 型半导体接引线形成晶闸管的门极 G(gate)。从外观上看,该器件有 A、K 和 G 三个引脚,其电气符号与之对应也包含三个端口。

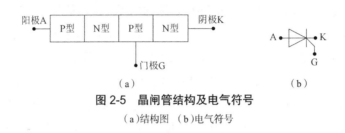

图 2-5   晶闸管结构及电气符号

(a)结构图 (b)电气符号

2. 工作特性

晶闸管有三个端口将接在电力电子电路中,阳极与阴极接在传递"能量流"的主电路中,两端电压为U_{AK},并形成器件电流I_A,门极接在传递"信息流"的控制电路中,定义流过的门极电流为I_G,如图 2-6 所示。

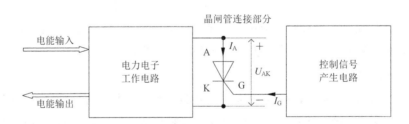

图 2-6   晶闸管工作电压及电流定义

将器件阳极与阴极之间的电压值U_{AK}作为横轴,流过器件的电流I_A作为纵轴,绘制不同门极电流I_G取值时的伏安特性曲线,如图 2-7 所示。

当晶闸管两端接正电压,即$U_{AK} > 0$时,伏安特性曲线为右半部分,称为正向特性。门极电流$I_G = 0$时,如图 2-7(a)所示,随着晶闸管阳极与阴极之间电压U_{AK}的升高,器件电流I_A很小,导通电阻很高,相当于开关"关断"。当U_{AK}持续升高超过折转电压U_{bo}时,器件电流会陡然上升,导通电阻很小,使器件正向击穿,失去开关的阻断作用。门极电流$I_G > 0$时,随着门极电流的提升$I_{G3} > I_{G2} > I_{G1} > 0$,如图 2-7(b)所示,晶闸管两端电压低于导致正向击穿的折转电压U_{bo}时,就会产生较大的导通电流I_F,对应器件两端的工作电压为

U_F，且 $U_F < U_{bo}$，此时晶闸管两端导通电阻很低，且为正常导通工作状态，相当于开关"导通"。一旦晶闸管导通，其工作电流 I_F 的大小将取决于电力电子电路的其他部分，不同的导通电流对应的器件工作电压 U_F 差异不大。当有足够大的门极电流 I_G 时，很小的阳极与阴极之间的电压 U_{AK} 就能使该器件呈现较低的导通电阻，相当于开关"导通"。此时再降低或取消门极电流 I_G，晶闸管的导通状态将仅取决于阳极与阴极之间电压 U_{AK} 的大小，只要 U_{AK} 保持大于零，晶闸管将继续保持导通状态，门极电流失去控制作用。同时，如果电力电子电路使晶闸管导通电流下降并低于维持电流 I_H，则晶闸管会由"导通"状态转变为"关断"状态。

当晶闸管两端接负电压，即 $U_{AK} < 0$ 时，晶闸管仅有非常小的电流流通，如图 2-7（c）所示，呈现高电阻特性，相当于开关"关断"，且不会受到门极电流 I_G 的任何影响。与二极管特性相同，如果负向电压过大 $U_{AK} < U_{RSM}$，也会造成器件反向击穿，U_{RSM} 称为反向不重复峰值电压。

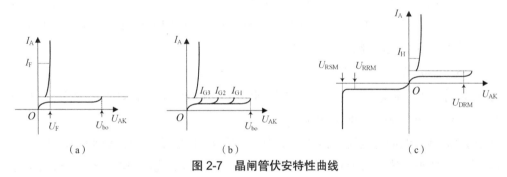

图 2-7   晶闸管伏安特性曲线
（a）$I_G = 0$ 时正向特性   （b）I_G 提升时正向特性   （c）反向特性及主要参数

可见晶闸管在电力电子电路中充当电子开关时，一般工作在"关断"和"导通"两个状态。电力电子电路中"能量流"通路的通断，将由"信息流"通路的控制信号和"能量流"通路的主电路共同决定，其工作特性具体如下。

（1）外接阳极和阴极之间为负向电压时，器件不具备导通条件，将处于"关断"状态。

（2）外接阳极和阴极之间为正向电压时，该器件则具备基本的导通条件，但是是否能够导通，由触发控制端"门极"决定。如果无门极触发信号，则晶闸管处于"关断"状态。

（3）外接阳极和阴极之间为正向电压时，当门极有触发控制信号时，则晶闸管处于"导通"状态。

（4）晶闸管一旦导通，则门极失去控制作用。只有当晶闸管电流下降到维持电流 I_H 以下，或者外接阳极和阴极之间为负向电压时，晶闸管才会从"导通"状态转变为"关断"状态。

3. 主要参数

与电力二极管相比，晶闸管多了一个承载"信息流"控制信号的可控端，增加了电子开关控制的灵活性。主要参数包括:断态重复峰值电压 U_{DRM} ,为在阳极和阴极之间接正向电压且无门极触发信号时,允许重复施加在晶闸管上的正向电压峰值,该电压低于将导致正向击穿的折转电压 U_{bo} ;反向不重复峰值电压 U_{RSM} ,为晶闸管反向能承受的极限电压,高于此电压将会造成反向击穿;反向重复峰值电压 U_{RRM} ,为允许重复施加在晶闸管上的反向电压峰值,该电压为反向不重复峰值电压 U_{RSM} 的90%;额定电压 U_N ,一般取断态重复峰值电压 U_{DRM} 和反向重复峰值电压 U_{RRM} 中绝对值较小的一个,并增加2~3倍的裕量,以保证器件的安全运行;通态平均电流 I_{AV} ,是指在环境温度为40 ℃和规定冷却条件下,晶闸管允许流过的最大正弦半波电流的平均值;额定电流 I_N ,按照通态平均电流定义,一般取1.5~2倍的裕量,以保证器件的安全运行。

【例 2-1】 已知某电力电子电路中的晶闸管所需承受的断态重复峰值电压 U_{DRM} 与反向重复峰值电压 U_{RRM} 的绝对值均为100 V,考虑安全裕量,试确定该晶闸管的额定电压 U_N 。

【解】 晶闸管所需承受的断态重复峰值电压 U_{DRM} 与反向重复峰值电压 U_{RRM} 绝对值均为100 V,即在其工作的多个周期内,承受的最大电压值的绝对值为100 V,考虑安全裕量,需增加2~3倍选取额定电压以保证工作的可靠性与安全性,因此额定电压 $U_N = (2 \sim 3) \times 100 = 200 \sim 300$ V。

【例 2-2】 已知某电力电子电路中的晶闸管需要流经的电流有效值 I_T 为30 A,考虑安全裕量,试确定该晶闸管的额定电流 I_N 。

【解】 晶闸管的额定电流依据通态平均电流定义,而通态平均电流则要求按照最大正弦半波电流的平均值 I_{AV} 进行计算,但是题目中仅知道需要流经的电流有效值 I_T ,考虑到实际晶闸管工作时,不一定都严格工作在正弦波波形下,因此需要将任意实际波形的电流与正弦波波形电流进行转换。按照实际波形电流有效值与正弦半波有效值相等的原则,可以将电流有效值 I_T 为30 A等效为正弦半波电流的有效值。假设该正弦半波电流的电流瞬时值表达式为 $i = I_m \sin \omega t$,其中 I_m 为电流最大值,则该正弦半波电流的有效值

$$I_T = \sqrt{\frac{1}{2\pi} \int_0^\pi (I_m \sin \omega t)^2 \, d(\omega t)} = \frac{1}{2} I_m$$

正弦半波电流的平均值

$$I_{AV} = \frac{1}{2\pi} \int_0^\pi I_m \sin \omega t \, d(\omega t) = \frac{1}{\pi} I_m$$

可知,通过晶闸管的正弦半波电流有效值与平均值的关系为

$$I_T = \frac{\pi}{2} I_{AV} \approx 1.57 I_{AV}$$

带入题目中给出的晶闸管需要流经电流有效值 I_T 为30 A,可知该晶闸管经过折算

后, 等效的正弦半波电流平均值 $I_{AV} \approx \dfrac{I_T}{1.57} \approx 19$ A。考虑安全裕量, 则该晶闸管的额定电流 $I_N \approx (1.5 \sim 2) \times 19 = 28.5 \sim 38$ A。

2.4.2　其他晶闸管类器件

双向晶闸管, 相当于两个单向晶闸管的反向并联, 是由 N-P-N-P-N 五层半导体材料制成的, 从外部结构上看, 有三个端口, 分别为两个主极 T_1、T_2 和一个门极 G, 在两个主极之间外接正反电压下均可以使用门极控制信号触发导通, 主要用于交流电的调节与控制, 其电气符号如图 2-8 所示。

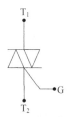

图 2-8　双向晶闸管电气符号

快速晶闸管, 结构与普通晶闸管类似, 也是 N-P-N-P 四层半导体结构, 具有三个端口, 其电气符号与普通晶闸管一样是普通晶闸管的一种派生器件, 采用了特殊的工艺使其开关特性得到了很大的改善, 关断时间显著缩短。

光控晶闸管, 又称光触发晶闸管, 是一种光敏元器件。该器件可以利用一定波长的光照信号替代电信号, 做到触发导通控制。其外观有一个受光窗口 G 和两个端口 (分别为阳极 A 和阴极 K), 其电气符号如图 2-9 所示。为了保证光控晶闸管在较为微弱的光照下具备可靠导通的性能, 在制作工艺上, 限制了其耐高温和耐高压的性能, 一般功率较低。

图 2-9　光控晶闸管电气符号

第 5 节　全控型器件

全控型器件与半控型器件相比, 相同点在于其也有一个外部控制端, 可以从电力电子电路 "信息流" 中接收控制信息, 不同点在于其控制端不仅可以接收令开关 "导通" 的信号, 还可以接收令开关 "关断" 的信号, 为更为先进的控制算法提供了很好的应用环境, 并使器件的通断尽可能不依赖 "能量流", 做到自主灵活的开关通断控制, 使电力电子技术得到了更为广泛的应用。

2.5.1　门极可关断晶闸管

1. 器件描述

门极可关断晶闸管（Gate-Turn-Off Thyristor，GTO），是一种具有自关断能力和晶闸管特性的晶闸管。其扩展了晶闸管的功能，解决了门极控制端不可令器件关断的难题。其结构及电气符号如图 2-10 所示，同样采取 P-N-P-N 四层半导体结构，外部引出三个端口，分别为阳极、阴极和门极。与晶闸管不同的是其内部包含数十至数百个共阳极小 GTO 单元，形成多元功率集成器件。电气符号与晶闸管的不同之处在于其门极多了一个标识，代表该门极的控制作用更为灵活。

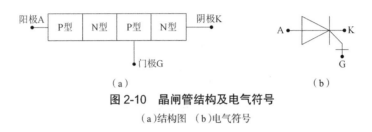

图 2-10　晶闸管结构及电气符号

（a）结构图　（b）电气符号

2. 工作特性

门极可关断晶闸管的导通特性与普通晶闸管相同，都需要外接阳极至阴极的正向电压同时有门极正向触发电流。关断特性与晶闸管不同，在门极可关断晶闸管承受正向（阳极至阴极）电压导通时，外接负向触发电流，可以使其关断。

2.5.2　电力晶体管

1. 器件描述

电力晶体管（Giant Transistor，GTR），又称为电力双极结型晶体管（Power Bipolar Junction Transistor，Power BJT），具有承受电流大、耐电压高、开关特性好等特点。其结构与普通晶体管类似，电气符号与之相同，如图 2-11 所示，包含 N-P-N 三层半导体结构，各自接出一个端口，分别形成集电极 c（collector）、发射极 e（emitter）和基极 b（base）。

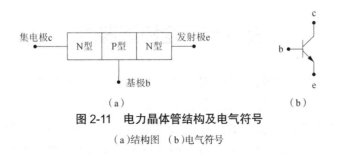

图 2-11　电力晶体管结构及电气符号

（a）结构图　（b）电气符号

2. 工作特性

电力晶体管的三个端口将接在电力电子电路中,集电极与发射极接在传递"能量流"的主电路中,两端电压为U_{ce},并形成器件电流I_c,基极接在传递"信息流"的控制电路中,定义流过的基极电流为I_b,如图 2-12 所示。

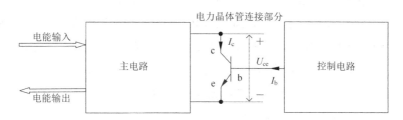

图 2-12 电力晶体管工作电压及电流定义

将电力晶体管集电极与发射极之间的电压U_{ce}作为横轴,流过器件集电极的电流I_c作为纵轴,绘制不同基极电流I_b取值时的伏安特性曲线,如图 2-13 所示。

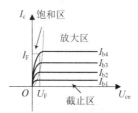

图 2-13 电力晶体管伏安特性曲线

当集电极与发射极之间接正向电压,即$U_{ce}>0$时,电力晶体管工作在正向特性部分,具备导通条件。是否真正导通受基极电流的控制,当基极电流较小时,电力晶体管将工作在截止区,即使U_{ce}较大,也无法产生较大的器件电流I_c,呈现高导通电阻特性,相当于开关"关断"。随着基极电流的持续提升,$I_{b4}>I_{b3}>I_{b2}>I_{b1}>0$,器件导通电流$I_c$将逐步升高。一般情况下,电力晶体管导通时将工作于饱和区,较小的导通工作电压U_F对应较大的工作电流I_F,此时呈现低导通电阻特性,相当于开关"导通"。具体的工作电流I_F取决于器件外部的电力电子电路。当基极电流恢复到较小值时,电力晶体管将重回截止区,呈现高导通电阻特性,相当于开关"关断"。

当集电极与发射极之间接负向电压,即$U_{ce}<0$时,电力晶体管工作在反向特性部分,不具备导通条件,无论基极是否有正向电流,均呈现高电阻特性,相当于开关"关断"。

可见,电力晶体管在电力电子电路中充当电子开关时,一般工作在"关断"和"导通"两个状态。只要保证其集电极与发射极之间接正向电压,电力晶体管就可以依据基极电流的大小,实现工作在截止区和饱和区之间的重复切换,完成"关断"和"导通"两个状态之间的多次转换。电力电子电路中"能量流"通路的通断,将由"信息流"通路的控制信号完全控制决定，可以支撑电力电子电路实现更为灵活的电能控制。

2.5.3　电力场效应晶体管

1. 器件描述

电力场效应晶体管通常指的是电力绝缘栅金属氧化物半导体场效应晶体管（Metal Oxide Semiconductor Field Effect Transistor，MOSFET），具有开关速度快、工作频率高、驱动功率小等特点，多用于功率不超过 10 kW 的电力电子装置。其结构及电气符号如图 2-14 所示，由导电沟道 N 沟道（载流子为自由电子）和 P 沟道（载流子为空穴）组成，形成三个极，分别为源极 S（source）、漏极 D（drain）和栅极 G（gate）。从外观上看，该器件有 S、D 和 G 三个引脚，其电气符号与之对应也包含三个端口。

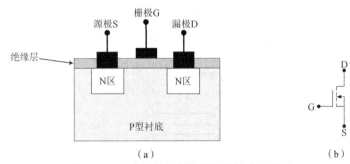

图 2-14　电力场效应晶体管结构及电气符号

（a）结构图　（b）电气符号

2. 工作特性

电力场效应晶体管的三个端口将接在电力电子电路中，源极与漏极接在传递"能量流"的主电路中，两端电压为 U_{DS}，并形成器件电流 I_D，门极接在传递"信息流"的控制电路中，定义加在栅极上的电压为 U_{GS}，如图 2-15 所示。

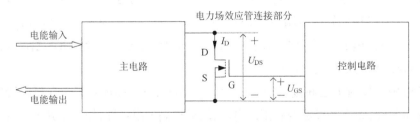

图 2-15　电力场效应晶体管工作电压及电流定义

将电力场效应晶体管漏极与源极之间的电压 U_{DS} 作为横轴，流过器件漏极的电流 I_D 作为纵轴，绘制不同栅极电压 U_{GS} 取值时的伏安特性曲线，如图 2-16 所示。

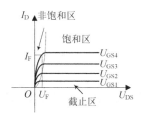

图 2-16　电力场效应晶体管伏安特性曲线

　　当漏极与源极之间接正向电压,即 $U_{DS} > 0$ 时,电力场效应晶体管工作在正向特性部分,具备导通条件。是否真正导通受栅极电压的控制,当栅极电压较小时,电力场效应晶体管将工作在截止区,即使 U_{DS} 较大,也无法产生较大的器件电流 I_D,呈现高导通电阻特性,相当于开关"关断"。随着栅极电压的持续提升,$U_{GS4} > U_{GS3} > U_{GS2} > U_{GS1} > 0$,器件导通电流 I_D 将逐步升高。一般情况下,电力场效应晶体管导通时将工作于非饱和区,较小的导通工作电压 U_F 对应较大的工作电流 I_F,此时呈现低导通电阻特性,相当于开关"导通"。具体的工作电流 I_F 取决于器件外部的电力电子电路。当栅极电压恢复到较小值时,电力场效应晶体管将重回截止区,呈现高导通电阻特性,相当于开关"关断"。

　　当漏极与源极之间接负向电压,即 $U_{DS} < 0$ 时,电力场效应晶体管工作在反向特性部分,不具备导通条件,无论栅极是否有正向电压,均呈现高电阻特性,相当于开关"关断"。

　　可见,电力场效应晶体管与电力晶体管类似,在电力电子电路中充当电子开关时,一般工作在"关断"和"导通"两个状态。只要保证其漏极与源极之间接正向电压,电力场效应晶体管就可以依据栅极电压的大小,实现工作在截止区和非饱和区之间的重复切换,完成"关断"和"导通"两个状态之间的多次转换。电力电子电路中"能量流"通路的通断,将由"信息流"通路的控制信号完全控制决定,可以支撑电力电子电路实现更为灵活的电能控制。

2.5.4　绝缘栅双极型晶体管

1. 器件描述

　　绝缘栅双极型晶体管(Insulate-Gate Bipolar Transistor,IGBT),综合了电力晶体管和电力场效应晶体管的优点,发明思路是通过电压控制的电力场效应晶体管为电力晶体管提供基极电流,实现器件的电压控制特性和低导通损耗,具有驱动简单、驱动功率小、输入阻抗大、导通电阻小、开关损耗低、工作频率高等特点,应用领域广泛。其电气符号如图 2-17 所示,由三个端口组成,分别为栅极 G(gate)、集电极 C(collector)和发射极 E(emitter)。

图 2-17   绝缘栅双极型晶体管电气符号

2. 工作特性

绝缘栅双极型晶体管的三个端口将接在电力电子电路中,集电极与发射极接在传递"能量流"的主电路中,两端电压为 U_{CE},并形成器件电流 I_C,栅极接在传递"信息流"的控制电路中,定义加在栅极上的电压为 U_{GE},如图 2-18 所示。

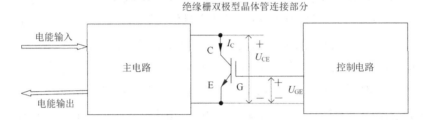

图 2-18   绝缘栅双极型晶体管工作电压及电流定义

将器件集电极与发射极之间的电压 U_{CE} 作为横轴,流过器件集电极的电流 I_C 作为纵轴,绘制不同栅极电压 U_{GE} 取值时的伏安特性曲线,如图 2-19 所示。

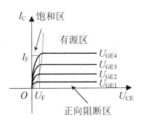

图 2-19   绝缘栅双极型伏安特性曲线

当集电极与发射极之间接正向电压,即 $U_{CE}>0$ 时,绝缘栅双极型晶体管工作在正向特性部分,具备导通条件。是否真正导通受栅极电压的控制,当栅极电压较小时,绝缘栅双极型晶体管将工作在正向阻断区,即使 U_{CE} 较大,也无法产生较大的器件电流 I_C,呈现高导通电阻特性,相当于开关"关断"。随着栅极电压的持续提升,$U_{GE4}>U_{GE3}>U_{GE2}>U_{GE1}>0$,器件导通电流 I_C 将逐步升高。一般情况下,绝缘栅双极型晶体管导通时将工作在饱和区,较小的导通工作电压 U_F 对应较大的工作电流 I_F,此时呈现低导通电阻特性,相当于开关"导通"。具体的工作电流 I_F 取决于器件外部的电力电子电路。当栅极电压恢复到较小值时,绝缘栅双极型晶体管将重回截止区,呈现高导通电阻特性,相当于开关"关断"。

当集电极与发射极之间接负向电压,即$U_{CE} < 0$时,绝缘栅双极型晶体管工作在反向特性部分,不具备导通条件,无论栅极是否有正向电压,均呈现高电阻特性,相当于开关"关断"。

可见,绝缘栅双极型晶体管与电力晶体管和电力场效应晶体管类似,在电力电子电路中充当电子开关时,一般工作在"关断"和"导通"两个状态。只要保证其集电极与发射极之间接正向电压,绝缘栅双极型晶体管就可以依据栅极电压的大小,实现工作在正向阻断区和饱和区之间的重复切换,完成"关断"和"导通"两个状态之间的多次转换。电力电子电路中"能量流"通路的通断,将由"信息流"通路的控制信号完全控制决定,可以支撑电力电子电路实现更为灵活的电能控制。

2.5.5　其他全控型器件

集成门极换流晶闸管(Integrated Gate-Commutated Thyristor,IGCT),也称为门极换流晶闸管,是 20 世纪 90 年代后期出现的新型电力电子器件。其结合了 IGBT 与 GTO 的优点,具有容量大、开关速度快的优点。国产 IGCT 通过优化设计提升器件性能,为我国高压柔性直流输电技术提供了新的解决方案,并于 2018 年首次应用在柔性输电换流阀上支撑珠海柔性交直流配网的建设,2020 年首次应用在固态式直流断路器中支撑东莞交直流混合配电网的建设。

碳化硅 MOSFET,又称 SiC MOSFET,属于第三代宽禁带(Wide Bandgap,WBG)半导体器件,与普通 MOSFET 相比,其导通电阻和开关损耗大大降低,非常适合应用于高压、高温、高频率、高功率密度等领域,工作温度能达到 600 ℃,工作电压能达到 1 200 V 以上,为电力电子器件的发展带来了新的机遇,正在电动汽车和新能源等高端应用领域占据越来越多的市场。

氮化镓(GaN)电力电子器件,属于第三代宽禁带半导体器件,具有高压高频率工作下的更高的稳定性,其成本降低的可能性较大,随着工艺的发展,将成为支撑新一代通信、电动汽车、高速轨道列车、新能源并网等产业发展的核心电力电子器件,现已受到了全球龙头企业的广泛关注。中国科学院微电子研究所高频高压中心在氮化镓高压电力电子器件领域取得突破性进展。

第 6 节　电力电子器件仿真

Matlab 提供了电力电子器件的模拟方案,可以使用 Simulink 环境进行器件仿真,以支持后续电力电子电路的设计仿真工作。Matlab 采用内部逻辑,模拟电力电子器件的外部特性,具有模型解算简单、计算速度快等特点,能够帮助电路设计人员,快速进行电路设计与研究。在 Simulink 模块库中,路径"Simscape/Electrical/Specialized Power Systems/

Fundamental Blocks/Power Electronics"下,可以找到电力电子器件模块,为常用的电力二极管(Diode)、晶闸管(Thyristor)和绝缘栅双极型晶体管(IGBT),如图 2-20 所示。

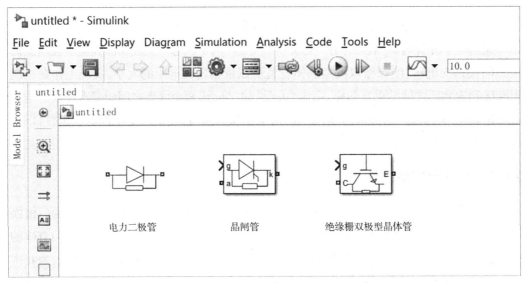

图 2-20　典型电力电子器件仿真模型模块图

2.6.1　典型不可控器件仿真模型

以电力二极管为例,介绍典型不可控器件仿真模型。如图 2-20 所示,该模块仿真模型有两个端口,分别为阳极 A 和阴极 K,为了更好地模拟真实电力二极管的特性,该模型的内部结构如图 2-21 所示:包含一个可控开关、一个导通电阻 R_{on}、一个导通电感 L_{on}、一个内部电压源 U_F。

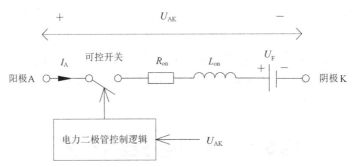

图 2-21　电力二极管内部模拟逻辑图

可控开关将受到电力二极管两端电压 U_{AK} 的控制。控制逻辑为:当 $U_{AK} > U_F$ 时,可控开关导通;当 $U_{AK} < U_F$ 时,可控开关关断。当可控开关关断时,电力二极管相当于断路。当可控开关导通时,电力二极管相当于导通电阻 R_{on}、导通电感 L_{on} 和内部电压源 U_F 串联。其中导通电阻 R_{on} 模拟了电力二极管导通时的电阻阻值;导通电感 L_{on} 模拟了电力

二极管实际工作时的过渡过程,限制了工作电流,使之不能过快上升;内部电压源 U_F 模拟了电力二极管的门槛电压 U_{TO}。

在 Simulink 工作区域中添加该电力二极管模块后,可以设置相关参数,见表 2-1。双击图 2-20 中读元器件模块可以调出设置参数界面,如图 2-22 所示。

表 2-1　电力二极管模块参数

序号	参数	说明
1	导通电阻 R_{on}	单位为 Ω,默认值为 0.001 Ω。当导通电感设为 0 H 时,该值无法设为 0 Ω
2	导通电感 L_{on}	单位为 H,默认值为 0 H。当导通电阻为 0 Ω 时,该值无法设为 0 H
3	内部电压源 U_F	单位为 V,默认值为 0.8 V
4	初始电流 I_C	单位为 A,二极管设备初始工作时的电流值,默认值为 0 A
5	缓冲电阻 R_S	单位为 Ω,实际电路中电力电子器件将需要保护电路,缓冲电阻属于保护电路的一部分,默认取值为 500 Ω,当设置为 inf,即正无穷时,将删除该缓冲电阻
6	缓冲电容 C_S	单位为 F,属于保护电路的一部分,默认取值为 250×10^{-9} F。当设置为 0 F 时,将删除该缓冲电容

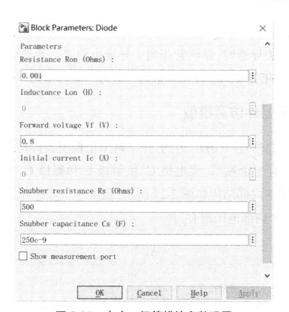

图 2-22　电力二极管模块参数设置

2.6.2　典型半控型器件仿真模型

以晶闸管为例,介绍典型半控型器件仿真模型。如图 2-20 所示,该模块仿真模型有三个端口,分别为阳极 A、阴极 K 和门极 G,为了更好地模拟真实晶闸管的特性,该模型的内部结构如图 2-23 所示:包含可控开关、导通电阻 R_{on}、导通电感 L_{on} 及内部电压源 U_F。其结构与电力二极管相同,不同之处在于可控开关的控制逻辑。

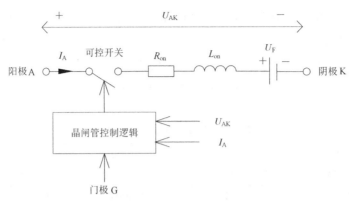

图 2-23　晶闸管内部模拟逻辑

可控开关将受到晶闸管两端电压 U_{AK}、工作电流 I_A 及门极 G 触发信号的控制。触发信号在该仿真电力电子电路中,不属于传输"能量流"的强电部分,而是属于传输"信号流"的弱电部分。Matlab 将传输"信号流"的触发信号简化为触发信息,不分电压驱动或电流驱动,只要有触发信号,即可传入晶闸管形成控制作用。

控制逻辑为:当 $U_{AK} > U_F$ 且在门极 G 加正向脉冲触发信号时,可控开关导通;当流经晶闸管的工作电流 $I_{AK} = 0$ 且 $U_{AK} < U_F$ 时,可控开关关断。当可控开关关断时,晶闸管相当于断路。当可控开关导通时,晶闸管相当于导通电阻 R_{on}、导通电感 L_{on} 和内部电压源 U_F 串联。晶闸管模块相关可调参数和初始值与电力二极管相同。

2.6.3　典型全控型器件仿真模型

以绝缘栅双极型晶闸管(IGBT)为例,介绍典型全控型器件仿真模型。如图 2-20 所示,该模块仿真模型有三个端口,集电极 C、发射极 E 和栅极 G,为了更好地模拟真实 IGBT 的特性,该模型的内部结构如图 2-24 所示:包含一个可控开关、一个导通电阻 R_{on}、一个导通电感 L_{on}、一个内部电压源 U_F。

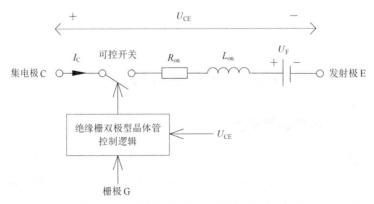

图 2-24　绝缘栅双极型晶闸管内部模拟逻辑

可控开关将受到 IGBT 两端电压 U_{CE} 和栅极触发信号的控制。控制逻辑为：当 $U_{CE} > U_F$ 且在栅极 G 加正向脉冲触发信号时，可控开关导通；当栅极 G 无正向脉冲触发信号或 $U_{CE} < U_F$ 时，可控开关关断。当可控开关关断时，IGBT 相当于断路。当可控开关导通时，IGBT 相当于导通电阻 R_{on}、导通电感 L_{on} 和内部电压源 U_F 串联。IGBT 模块相关可调参数和初始值与晶闸管和电力二极管相同。

本 章 小 结

本章主要介绍了作为电力电子电路中"开关"的电力电子器件，分别从电力电子器件的概念、特点、应用、成长历史、发展等方面对电力电子器件进行了介绍，按照电力电子器件的控制类型，详细介绍了不可控器件、半控型器件、全控型器件的结构、工作特性及相关参数等内容，并介绍了典型电力电子器件的仿真模型。

我国著名半导体材料与器件物理专家，中国科学院院士郑有炓曾说："一代材料，一代技术、一代产业。"电力电子器件是电力电子技术的核心，后续章节设计的电力电子电路将以电力电子器件为基础。电力电子器件的迭代更新与创新发展，也将不断推动电力电子技术的前进。

思考题与习题

（1）请阐述不可控器件、半控型器件及全控型器件在控制方式上的不同。

（2）晶闸管导通的条件是什么？怎样才能使晶闸管由导通变为关断？

（3）已知某电力电子电路输入为交流电，电压表达式为 $u_i = U\sin\omega t$，其中 U 为输入电压最大值，周期 T 为 2π。经过晶闸管通断控制并剪裁后，处于导通状态时间段的输出电压 u_o 波形如图 2-25 的阴影部分所示，处于关断时间段的输出电压为 0，不考虑晶闸管开关的暂态过程。流经晶闸管的晶闸管工作电流 $I_F = \dfrac{u_o}{R}$，其中 R 为电路中的负载电阻。考虑安全裕量，试确定该晶闸管的额定电压 U_N 及额定电流 I_N。

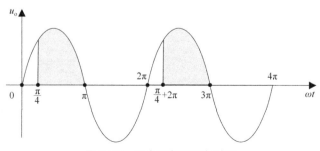

图 2-25 思考题与习题（3）图

素质拓展题

请查询一个生产电力电子器件 IGBT 芯片的企业,记录并描述企业名称、企业介绍、企业历史、企业特点等。

第 3 章　交流-直流变换技术

第1节　交流-直流变换技术概述

3.1.1　实现交流-直流变换的整流电路

交流电转换为直流电的技术,是电力电子技术四种电能变换技术之一,属于图 1-6 所示树形知识结构的第一个主干分支,又称为 AC-DC 变换技术,或整流技术。可以实现交流电转换为直流电的电力电子电路称为整流电路(rectifying circuit)。

1. 智能家居中的整流技术

整流技术与我们的日常生活息息相关,在居家生活中,负责将取自电网的交流电转换为家用电器需要的直流电。步入智能时代,智能家居系统中用电设备种类越来越多,加上网络设备、控制终端设备等均需要合适的直流电能供电。整流技术为电脑、电视、手机、路由器、摄像机、智能监测控制装置等这些家居直流用电设备建立了连接交流电网的桥梁。

2. 电力传输中的整流技术

整流技术是特高压直流输电技术的关键环节,负责将交流电转换为 ±800 kV 及以上的直流电。我国特高压直流输电主要用于远距离、中间无落点、无电压支撑的大功率输电工程,具备点对点、超远距离、大容量的送电能力。特高压能大大提升我国电网的输送能力,据国家电网公司提供的数据显示,特高压直流电网送电量相当于 500 kV 直流电网的 5~6 倍,送电距离能达到 2~3 倍。此外,据国家电网公司测算,输送同样功率的电量,如果采用特高压线路输电可以比采用 500 kV 高压线路节省 60% 的土地资源。

中国的特高压输电网建设,掌握着具有自主知识产权的特高压输电技术,建设不到 10 年就具备了世界最高水平,创造了一批世界纪录,并且实现了特高压技术和设备输出到国外,做到了"中国创造"和"中国引领"。截至 2020 年,特高压累计输送电量超过 2.1 万亿 kW·h,电网资源配置能力不断提升,在保障电力供应、促进清洁能源发展、改善环境、提升电网安全水平等方面发挥了重要作用。

3.1.2　整流电路中的能量流传递通路

整流电路的功能是将输入的交流电能转换为直流电能。整流电路不是用电设备,而是传递电能的专用设备,作为供电方和用电方的连接桥梁,主要作用是搭建一个电能能量传递通路,如图 3-1 所示。

整流电路的电能输入端为交流电,电流方向随时间做周期性变化,如国家市电提供的50 Hz 交流电,或工业用三相交流电。该交流电通常为正弦形式,平均值为0 V,经过变压器T加入整流电路中。变压器在这里起到改变交流电压和隔离电网的作用,其一次侧电压为u_1,二次侧电压为u_2。变压器二次侧电压u_2被送入电力电子电路的电能输入端,端口电流为i_2,经过带有电子开关的整流电路拓扑结构后,送往电能输出端,电子开关称为S。

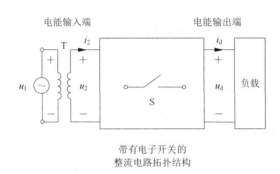

图 3-1   整流电路中的能量流传递通路示意

整流电路电能输出端输出的电流是直流电,或有周期脉动的直流电。输出端口电压为u_d,电流为i_d,接在负载两端。负载为用电设备,依据性质区分主要有电阻负载、阻感负载、反电动势负载等。电阻负载,其伏安特性近似为电阻特性,可以简化为一个电阻R,典型应用有白炽灯、电焊、电阻加热炉、电解电镀等。阻感负载,其伏安特性不可忽略电感的作用,近似为电阻与电感串联,可以简化为一个RL串联结构,典型应用有电动机的励磁绕组等。反电动势负载,其伏安特性近似为电压为E且与输出电压反接的直流电源,可以简化为直流电源E,典型的应用有蓄电池、直流电动机的电枢等。

3.1.3   整流电路中的信息流传递通路

整流电路之所以能够将交流电转化为直流电,主要依靠的是电子开关的控制信号。该控制信号称为"触发信号",其传输不通过电能传递通路,而是由专用的信息流传递通路直接传送给电子开关,如图 3-2 所示。

而电子开关即为第 2 章讲解的电力电子器件。本章重点关注整流电路的工作原理,因此所有电力电子器件均视为理想开关,即忽略电力电子器件的导通电压、动态特性以及开关损耗,假设电力电子器件均可以实现瞬间导通或关断。同时不考虑电力电子器件的驱动类型,如电压驱动或电流驱动,统一简化为电压为u_g的触发信号,当$u_g > 0$时,触发信号视为有效。关于电力电子器件的动态过程、驱动以及损耗等问题,将在第 8 章讨论。

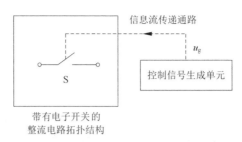

图 3-2　整流电路中的信息流传递通路示意

第 2 节　单相整流电路

3.2.1　单相半波整流电路

单相半波整流电路(Single Phase Half Wave Rectifier)原理图如图 3-3 所示,包括输入交流电u_1、变压器T、电力二极管和电阻负载R。电力二极管为单相半波整流电路中的核心电力电子器件,阳极接在输入交流电高电位点。图中,变压器二次侧电压为u_2,变压器二次侧电流为i_2,输出电压为负载电阻两端电压 u_d,输出电流为负载电阻上流过的电流 i_d。

该电路中出现了非线性元器件"电力二极管",因此电路特性也将呈现非线性特性。采用"模型简化法"对该电路的工作过程加以分析,将电力二极管简化为"理想开关"模型,如图 3-4 所示。

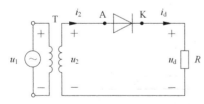

图 3-3　单相半波整流电路原理图

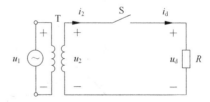

图 3-4　模型简化分析图

可见,电路中有 1 个开关S,该开关仅有两个工作状态,即"导通"和"关断",由第 2 章讲解的电力二极管伏安特性可知,该模型中的关断条件为$u_2 < 0$,开关导通条件为$u_2 > 0$。

按照开关的导通与关断条件,分段分析电路的工作过程,单相半波整流电路也有两个工作状态与之对应,如图 3-5 所示。

假设已知输入电路的交流电压u_2为正弦形式的交流电,且周期为2π。单相半波整流电路在输入电压的作用下,电路具体工作动态过程如下。

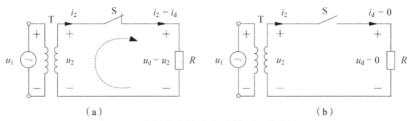

图 3-5   单相半波整流电路模型工作状态图

（a）工作状态 1：开关导通   （b）工作状态 2：开关断开

（1）当 $u_2 > 0$ 时，开关 S 导通，电路工作于工作状态 1，如图 3-5（a）所示，相当于电路连通，形成虚线形式的电流通路，输出电压与输入电压相等。输出波形图如图 3-6（a）所示，包含输出电压 u_d、输出电流 i_d、电力二极管两端电压 u_{AK}。此时有 $u_d = u_2$，$i_d = u_2/R$，$u_{AK} = 0$。

（2）当 $u_2 < 0$ 时，开关 S 关断，电路工作于工作状态 2，如图 3-5（b）所示，相当于电路断路，输入端、输出端无电压和电流。输出波形如图 3-6（b）所示，此时有 $u_d = 0, i_d = 0$，$u_{AK} = u_2$。

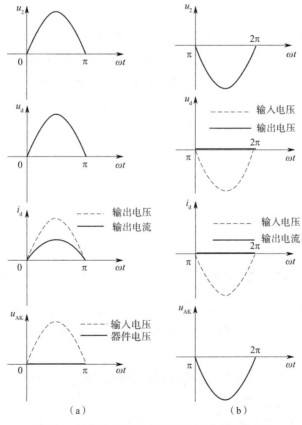

图 3-6   单相半波整流电路不同工作状态波形图

（a）工作状态 1：开关导通   （b）工作状态 2：开关断开

可见，输出波形与输入电压波形息息相关，且分为两个不同的工作状态。实现了对交流电负半周的阻隔,该电路通过电力二极管在外加电压为负时的自关断以及外加电压为正时的自导通特性,实现了对输入交流电正半周的导通传递。这种仅对交流的正半周进行有选择传递的特性,由电力二极管的功能决定。电路输出电压 u_d 变为了极性不变,瞬时值随时间改变的脉动直流,实现了交流电到直流电的转化,即"整流"功能。"单相"是指电力电子电路输入交流电为单相交流电,"半波"是指该电路只利用交流电正半周的工作特点,因此该电路称为"单相半波整流电路"。

多周期单相半波整流电路波形如图 3-7 所示。输入电压为整体波形形状的基础,输出电压 u_d 呈现正弦电压半波形状,保留了正弦波的正半周部分;输出电流 i_d 与 u_d 呈现线性关系,形状相似,其同时为零;电力二极管两端电压 u_{AK} 也呈现正弦电压半波形状,保留了正弦电压波形的负半周部分。

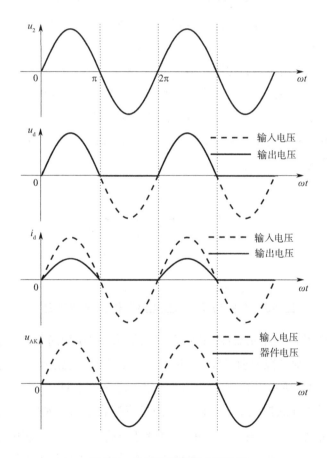

图 3-7 单相半波整流电路波形

【例 3-1】 已知某单相半波整流电路如图 3-3 所示,其中负载电阻阻值为 R。当输入电压 $u_2 = U_2 \sin \omega t$ 时,其中 U_2 为交流电输入变压器二次侧有效值。试求直流电压输出平均值 U_d 以及电流输出平均值 I_d。

【解】 依据图 3-7 可知,直流电压输出平均值

$$U_{\mathrm{d}} = \frac{1}{2\pi}\int_0^\pi \sqrt{2}U_2 \sin\omega t d(\omega t) = \frac{\sqrt{2}}{2\pi}U_2 \approx 0.45U_2$$

直流电流输出平均值

$$I_{\mathrm{d}} = U_{\mathrm{d}}/R$$

单相半波整流电路采用的是不可控器件电力二极管,导致该电路无法接收外接的控制信号,无法做到输出电压平均值可控可调。分析该电路的主要目的在于建立整流电路工作的基本概念和分析思路。

3.2.2 单相半波可控整流电路

单相半波可控整流电路(Single Phase Half Wave Controlled Rectifier)结构与单相半波整流电路相同,不同形式的负载将对电路工作过程及输出结果造成影响,因此按照不同的负载形式加以分析。

1. 单相半波可控整流电路带电阻负载

单相半波可控整流电路带电阻负载原理图如图 3-8 所示。与单相半波可控整流电路结构相同,包括输入交流电 u_1、变压器 T、晶闸管 VT 和电阻负载 R。晶闸管 VT 为单相半波可控整流电路中的核心电力电子器件,阳极接在输入交流电高电位点。晶闸管 VT 两端阳极至阴极的电压称为 u_{VT}。

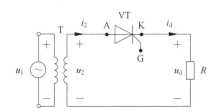

图 3-8　单相半波可控整流电路带电阻负载原理图

该电路中出现了非线性元器件"晶闸管",需要采用"模型简化法"对该电路的工作过程加以分析。将晶闸管视为理想开关,单相半波可控整流电路模型简化如图 3-4 所示,模型工作状态如图 3-5 所示,均与核心器件为电力二极管时相同。

晶闸管带来了额外的控制端——门极。门极将接收输入控制信号 u_{g},与晶闸管两端电压 u_{VT} 共同控制晶闸管电子开关的通断。假设已知输入电路的交流电压 u_2 为正弦形式的交流电,且周期为 2π。单相半波可控整流电路在输入电压与晶闸管触发信号共同的作用下,输出波形如图 3-9 所示,具体工作过程如下。

(1)当 $u_2 > 0$ 且 $u_{\mathrm{g}} = 0$ 时,开关关断,电路工作于工作状态 2,如图 3-5(b)所示,电路相当于断路,输入端、输出端无电压和电流,输出波形如图 3-9(a)所示,包含触发信号 u_{g}、输

出电压 u_d、输出电流 i_d、晶闸管两端电压 u_{VT}，其中 $u_d=0$，$i_d=0$，$u_{VT}=u_2$。

（2）当 $u_2>0$ 且 $u_g>0$ 时，开关导通，电路工作于工作状态 1，如图 3-5（a）所示，相当于电路连通，形成虚线形式的电流通路，输出电压与输入电压相等，输出波形如图 3-9（b）所示，其中 $u_d=u_2$，$i_d=\dfrac{u_2}{R}$，$u_{VT}=0$。

（3）当 $u_2<0$ 时，开关关断，电路工作于工作状态 2，如图 3-5（b）所示，相当于电路断路，输出端无电压和电流，输出波形如图 3-9（c）所示，其中 $u_d=0$，$i_d=0$，$u_{VT}=u_2$。

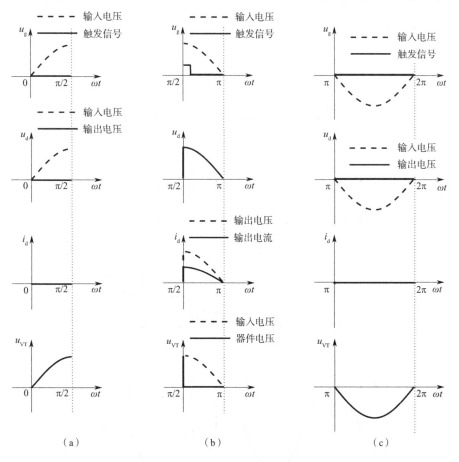

图 3-9　单相半波可控整流电路带电阻负载不同工作状态波形

（a）工作阶段 1　（b）工作阶段 2　（c）工作阶段 3

可见，输出波形分为三个不同的工作阶段，由工作阶段 1~2 的分析可知，虽然外加正电压，但是晶闸管是否真正导通还需要等待外加的门极控制信号，每个周期从外加正电压开始到晶闸管真正触发，等待的角度称为触发延迟角 α，或触发角、控制角。在一个电源周期内，晶闸管处于导通状态的角度称为导通角 θ，由于在负半周晶闸管会关断，因此 $\alpha+\theta=\pi$。

单相半波可控整流电路中的"可控"是指核心电力电子器件晶闸管的可控特性，通过

调节触发延迟角 α 可以达到调节导通角 θ,影响输出波形及输出电压具体取值的目的。

多周期单相半波可控整流电路当 $\alpha = \pi/2$ 时,波形如图 3-10 所示,且 α 的调节范围为 $\alpha \in [0 \sim \pi]$。

可见,晶闸管在触发信号的作用下起到了切割输入交流正弦电压的作用。波形图被分为 3 个区间,1 区对应图 3-9(a)工作阶段 1,为晶闸管准备导通区;2 区对应图 3-9(b)工作阶段 2,为晶闸管导通区;3 区对应图 3-9(c)工作阶段 3,为晶闸管关断区。随着触发延迟角 α 的变化,输出电压 u_d 的波形将发生变化,α 取值越大,晶闸管导通的时间越短,u_d 的平均值也越小,直至 $\alpha = \pi$,u_d 的输出值降为 0,为最低值。

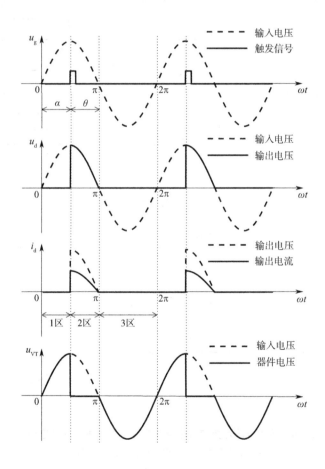

图 3-10   单相半波可控整流电路带电阻负载 $\alpha = \pi/2$ 时波形

【例 3-2】已知某单相半波可控整流电路如图 3-8 所示,其中负载电阻阻值为 R。当输入电压 $u_2 = U_2 \sin \omega t$,触发延迟角为 α 时,其中 U_2 为交流电输入变压器二次侧有效值,试求:

(1)直流电压输出平均值 U_d 以及电流输出平均值 I_d;

(2)考虑安全裕量,试确定该晶闸管的额定电压 $U_{N,VT}$;

（3）考虑安全裕量，试确定该晶闸管的额定电流 $I_{\text{N,VT}}$。

【解】（1）依据图 3-10 可知，直流电压输出平均值

$$U_{\text{d}} = \frac{1}{2\pi}\int_{\alpha}^{\pi}\sqrt{2}U_2\sin\omega t\text{d}(\pi t) = \frac{\sqrt{2}}{2\pi}U_2\left(1+\cos\alpha\right) \approx 0.45U_2\frac{1+\cos\alpha}{2}$$

直流电流输出平均值

$$I_{\text{d}} = \frac{U_{\text{d}}}{R}$$

（2）晶闸管所需承受的断态重复峰值电压 U_{DRM} 与反向重复峰值电压 U_{RRM} 绝对值相同为 $\sqrt{2}U_2$，即在其工作的多个周期内，承受的最大电压值的绝对值为 $\sqrt{2}U_2$，考虑安全裕量，需增加 2~3 倍选取额定电压以保证工作的可靠性与安全性，因此额定电压

$$U_{N,\text{VT}} = \left(2\sim3\right)\times\sqrt{2}U_2$$

（3）流经晶闸管电流的有效值 I_{VT} 为

$$I_{\text{VT}} = \sqrt{\frac{1}{2\pi}\int_{\alpha}^{\pi}\left(\frac{\sqrt{2}U_2}{R}\sin\omega t\right)^2\text{d}(\omega t)} = \frac{\sqrt{2}U_2}{R}\sqrt{\frac{1}{2\pi}\sin 2\alpha + \frac{\pi-\alpha}{\pi}}$$

考虑安全裕量，则该晶闸管的额定电流

$$I_{\text{N,VT}} \approx \left(1.5\sim2\right)\times\frac{I_{\text{VT}}}{1.57} \approx \left(0.96\sim1.27\right)I_{\text{VT}}$$

2. 单相半波可控整流电路带阻感负载

单相半波可控整流电路带阻感负载原理图如图 3-11 所示，负载部分包括电阻负载 R 及电感负载 L 串联而成的阻感负载。输出电压 u_{d} 为电阻和电感串联部分的电压。电感为电路中的储能元件，当通过其所在闭合回路的电流改变时，会出现电动势 e_L 来抵抗电流的改变。电感电动势 e_L 的取值与电流的变化率相关，即 $e_L = -L\dfrac{\text{d}i_{\text{d}}}{\text{d}t}$。

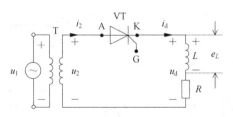

图 3-11　单相半波可控整流电路带阻感负载原理图

电流增加时电感电动势将阻止电流增加，电流减小时电感电动势将阻止电流减小，因此流经电感所在回路的电流 i_{d} 无法突然变化。当该电路中的晶闸管的触发延迟角 $\alpha = \pi/3$ 时，波形如图 3-12 所示。

将电路中的电子开关"晶闸管"视为理想开关，则该电路共有两个工作状态，即晶闸管导通状态和晶闸管关断状态，模型简化图如图 3-4 所示，模型工作状态图如图 3-5 所示。其中，电感与电阻视为串联的负载代替原先的电阻负载。电路具体工作过程如下。

（1）当 $u_2 > 0$ 且 $u_g = 0$ 时，开关关断，电路工作于状态 2，如图 3-5（b）所示，相当于电路断路。电路波形与带电阻负载时相同，如图 3-12 中的 1 区所示。

（2）当 $u_2 > 0$ 且 $u_g > 0$ 时，开关导通，电路工作于状态 1，如图 3-5（a）所示，相当于电路连通。与电阻负载时的不同之处在于电流波形的改变，如图 3-12 所示。负载电流 i_d 将经历一个从 0 缓慢上升，到达峰值并缓慢下降到 0 的过程。电流和电压不再同步，电流峰值的出现时间滞后于电压峰值出现时间，且由于电感中储存的能量要经由电路回路释放掉，因此晶闸管无法在输入电压 $u_2 = 0$，并逐步变为 $u_2 < 0$ 时，及时关断。这导致了 u_d 被迫随着输入电压 u_2 变为负值，直至电感中能量释放完毕，负载电流 $i_d = 0$ 时晶闸管才会结束导通。电路的导通角 θ 变大，使得 $\alpha + \theta > \pi$，如图 3-12 中的 2 区所示。

（3）当负载电流 $i_d = 0$，$u_2 < 0$ 时，开关关断，电路工作于状态 2，如图 3-5（b）所示，相当于电路断路，电路波形如图 3-12 中的 3 区所示。

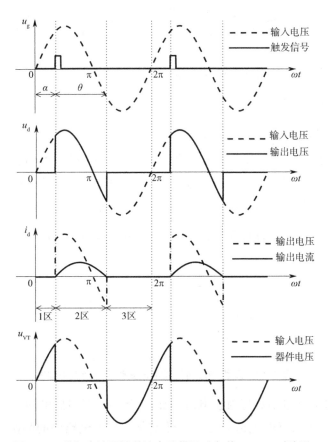

图 3-12　单相半波可控整流电路带阻感负载 $\alpha = \pi/3$ 时波形

3. 单相半波可控整流电路带阻感负载带续流二极管

当负载为阻感负载时，单相半波可控整流电路的输出电压 u_d 会出现负值，使得输出直流电压平均值大幅降低,为了解决这一问题,一般在单相半波可控整流电路阻感负载的两端并联一个续流二极管VD,如图 3-13 所示。

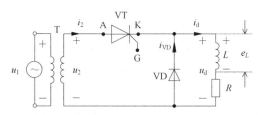

图 3-13　带续流二极管的单相半波可控整流电路带阻感负载原理图

当电感L取值足够大时,电路中电流将连续。将续流二极管简化为"理想开关"模型,和晶闸管配合,该电路分为 2 个工作状态,如图 3-14 所示。在工作状态 1 时,晶闸管导通,二极管关断,形成电流通路(Ⅰ);在工作状态 2 时,晶闸管关断,二极管导通,形成电流通路(Ⅱ)。在晶闸管关断的时候,续流二极管承担着释放电感中储存能量的作用,当电感足够大时,续流二极管将持续导通,形成电流。由于晶闸管和二极管阴极接在一起,所以没有晶闸管与二极管同时导通的工作状态,也避免了输入交流电源短路的情况发生。

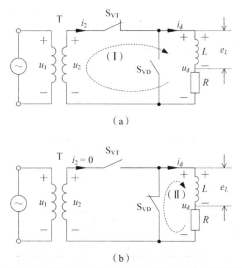

图 3-14　带续流二极管的单相半波整流电路带阻感负载模型工作状态图
(a)工作状态 1:晶闸管导通,二极管关断　(b)工作状态 2:晶闸管关断,二极管导通

假设已知输入电路的交流电压u_2为正弦形式的交流电,且周期为2π。带续流二极管的单相半波可控整流电路在输入电压与晶闸管触发信号共同的作用下,具体工作过程如下。

(1)当$u_2 > 0$且$u_g > 0$时,晶闸管导通,续流二极管由于阴极接在输入电源高电位,因此此时阳极与阴极之间承受反向电压处于关断状态,整体电路处于工作状态 1,如图 3-14

（a）所示，电路中形成电流回路（Ⅰ）。电路波形与带阻感负载且不带续流二极管时相同，如图 3-15 中的 1 区所示。

（2）当 $u_2 < 0$ 时，续流二极管导通，提供续流通路，与负载形成回路。晶闸管承受反向电压且无电流流过，由导通状态变为关断状态。整体电路处于工作状态 2，如图 3-14（b）所示，电路中形成经由续流二极管和负载的电流回路，称为"续流"。电路波形中，输出电压与带电阻负载时相同，及时置零，不会造成输出电压平均值下降的情况，且整流电路的导通角满足 $\alpha + \theta = \pi$；在电感足够大的情况下，续流二极管将持续提供续流通路，输出电流缓慢下降，直至晶闸管在下个周期导通，引入加在续流二极管上的反向电压，使续流二极管关断，如图 3-15 中的 2 区所示，输出电流可以达到整周期持续导通。

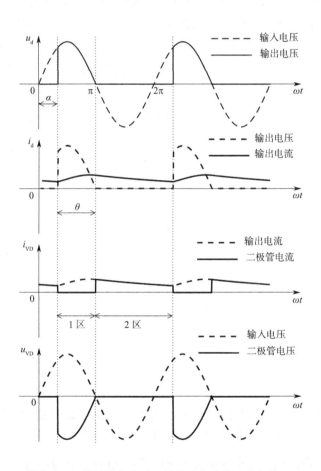

图 3-15　带续流二极管的单相半波可控整流电路带阻感负载 $\alpha = \pi/3$ 时波形

【例 3-3】 已知某带续流二极管的单相半波可控整流电路带阻感负载如图 3-13 所示，其中负载电阻阻值为 R，电感值 L 极大。当输入电压 $u_2 = U_2 \sin \omega t$（其中 U_2 为交流电输入变压器二次侧有效值），触发延迟角为 α 时，试求：

（1）直流电压输出平均值 U_d 以及电流输出平均值 I_d ；

（2）流经晶闸管的电流平均值 $I_{d,VT}$ 和流经晶闸管的电流有效值 I_{VT} ；

（3）流经续流二极管的电流平均值 $I_{d,VD}$ 和流经二极管的电流有效值 I_{VD} 。

【解】（1）依据图 3-15 可知，直流电压输出平均值与电阻负载时一致，为

$$U_d = \frac{1}{2\pi}\int_\alpha^\pi \sqrt{2}U_2 \sin\omega t \mathrm{d}(\omega t) = \frac{\sqrt{2}}{2\pi}U_2(1+\cos\alpha) \approx 0.45 U_2 \frac{1+\cos\alpha}{2}$$

当电感足够大时，该电路输出的电流值将为近似平直的一条直线，因此直流电流输出平均值一般采用工程近似方法，为

$$I_d \approx \frac{U_d}{R}$$

（2）同样采用工程近似法，流经晶闸管的电流平均值

$$I_{d,VT} = \frac{\pi-\alpha}{2\pi}I_d$$

流经晶闸管的电流有效值

$$I_{VT} = \sqrt{\frac{1}{2\pi}\int_\alpha^\pi \left(\frac{\sqrt{2}U_2}{R}\sin\omega t\right)^2 \mathrm{d}(\omega t)} = \frac{\sqrt{2}U_2}{R}\sqrt{\frac{1}{2\pi}\sin 2\alpha + \frac{\pi-\alpha}{\pi}}$$

（3）流经续流二极管的电流平均值

$$I_{d,VD} = \frac{\pi+\alpha}{2\pi}I_d$$

流经二极管的电流有效值

$$I_{VD} = \sqrt{\frac{1}{2\pi}\int_\pi^{\pi+\alpha} I_d{}^2 \mathrm{d}(\omega t)} = I_d\sqrt{\frac{\alpha}{2\pi}}$$

单相半波可控整流电路结构简单，使用的电力电子器件少，在一个周期内，输出电压有一个波峰，脉动明显。变压器仅有半个周期有电流输出，利用率不高，同时变压器二次侧电流为直流电，铁芯会产生直流磁化现象，导致铁芯发热，因此该电路仅使用在要求不高的交直流变换场景中。

3.2.3　单相桥式全控整流电路

单相桥式全控整流电路（Single Phase Bridge Controlled Rectifier）通过在电路结构与电力电子器件使用数量上的改进，改善了单相半波可控整流电路输出电压脉动明显及变压器利用率低的问题。不同形式的负载将对电路工作过程及输出结果造成影响，因此按照不同的负载形式加以分析。

1. 单相桥式全控整流电路带电阻负载

单相桥式全控整流电路带电阻负载原理图如图 3-16 所示，包括输入交流电 u_1、变压器T、四个晶闸管 $VT_1 \sim VT_4$ 和电阻负载 R。四个晶闸管为单相桥式全控整流电路中的核心

电力电子器件,VT₁和VT₃为共阴极连接,VT₂和VT₄为共阳极连接。变压器二次侧的交流电u_2接在电路中的a点和b点。流经负载电阻的电流称为i_d,负载两端的电压称为输出电压u_d。

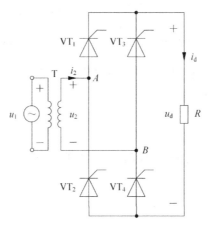

图 3-16　单相桥式全控整流电路带电阻负载原理图

该电路中四个晶闸管均视为理想开关,采用"模型简化法"对该电路的工作过程加以分析,其模型简化分析图如图 3-17 所示。

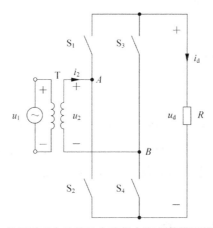

图 3-17　单相桥式全控整流电路带电阻负载模型简化分析图

VT₁和VT₄接相同的触发信号,因此S₁和S₄同通同断;VT₂和VT₃接相同的触发信号,因此S₂和S₃同通同断。S₁~S₄四个开关相互配合,使该电路有三个工作状态,如图 3-18 所示。在工作状态 1,S₁和S₄导通,S₂和S₃关断,形成从A点经负载到B点的电流回路(Ⅰ)。在工作状态 2,S₂和S₃导通,S₁和S₄关断,形成从B点经负载到A点的电流回路(Ⅱ)。被关断的开关截断的通路,在图中由点线表示,不再形成电流回路。在工作状态 3,S₁~S₄四个开关均关断,电路中无电流回路。

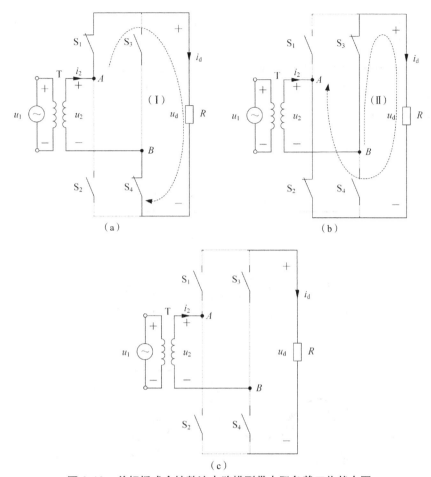

图 3-18　单相桥式全控整流电路模型带电阻负载工作状态图

（a）工作状态 1：S_1 和 S_4 导通　（b）工作状态 2：S_2 和 S_3 导通　（c）工作状态 3：$S_1 \sim S_4$ 均关断

假设已知输入电路的交流电压 u_2 为正弦形式的交流电,且周期为 2π。单相桥式全控整流电路在输入电压与晶闸管触发信号的共同作用下,波形如图 3-19 所示,电路具体工作动态过程如下。

（1）当 $u_2 > 0$ 且 $u_{g1} = u_{g4} = 0$ 时,晶闸管 VT_1 和 VT_4 承受正电压,准备导通,但是由于门极控制信号为零,因此为关断状态;晶闸管 VT_2 和 VT_3 承受负电压,为关断状态。电路处于图 3-18（c）所示的工作状态 3,电路中无电流通路,输出电压和电流均为零,如图 3-19 中的 1 区所示。

（2）当 $u_2 > 0$ 且 $u_{g1} = u_{g4} > 0$ 时,晶闸管 VT_1 和 VT_4 导通,晶闸管 VT_2 和 VT_3 保持关断状态。电路处于图 3-18（a）所示的工作状态 1,形成电流回路（Ⅰ）,输出电压等于输入电压,即 $u_d = u_2$,电路输出波形如图 3-19 中的 2 区所示。

（3）当 $u_2 < 0$ 且 $u_{g2} = u_{g3} = 0$ 时,晶闸管 VT_2 和 VT_3 承受正电压,准备导通,但是由于门极控制信号为零,因此为关断状态;晶闸管 VT_1 和 VT_4 承受负电压,为关断状态。电路处于图

3-18（c）所示的工作状态 3，电路中无电流通路，输出电压和电流均为零，电路输出波形如图 3-19 中的 3 区所示。

（4）当 $u_2 < 0$ 且 $u_{g2} = u_{g3} > 0$ 时，晶闸管 VT_2 和 VT_3 导通，晶闸管 VT_1 和 VT_4 保持关断状态。电路处于图 3-18（b）所示的工作状态 2，形成电流回路（Ⅱ），输出电压 $u_d = -u_2$，电路输出波形如图 3-19 中的 4 区所示。

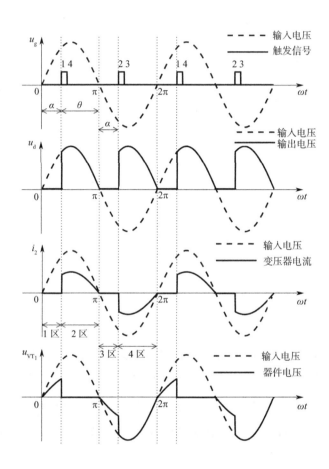

图 3-19   单相桥式全控整流电路电阻负载 $\alpha = \pi/3$ 时波形

可见，单相桥式全控整流电路的输出电压在一个输入电源周期内会出现两个波峰，改善了输出直流的脉动问题。四个晶闸管配合，形成双通道的"桥式"电路结构，使输入交流电的负半周电能也得以充分利用。变压器二次侧电流 i_2 在整个周期均有电流输出，且不再为直流电。晶闸管的触发分组进行，VT_1、VT_4 组的触发延迟角和 VT_2、VT_3 的触发延迟角均为 α，且调节范围为 $\alpha \in [0, \pi]$。该电路的导通角为 $\theta = \pi - \alpha$，为输入电源半个周期内，同组晶闸管导通时长。

晶闸管两端电压随着其导通与关断状态的切换而变化。以晶闸管 VT_1 为例，当其导通时,两端电压为零;当VT$_1$关断时,且VT$_2$和VT$_3$导通的区间,输入电压经由图 3-16 中 A 点和 B 点加在 VT$_1$ 的阳极和阴极之间,$u_{\text{VT}_1} = u_2$;当四个晶闸管均关断时,输入电压经由图 3-16 中 A 点和 B 点加在 VT$_1$ 和 VT$_4$ 之间,由VT$_1$和VT$_4$共同承担输入电压。因此晶闸管VT$_1$承担电压 $u_{\text{VT}_1} = u_2 / 2$。

【例 3-4】 已知某单相桥式全控整流电路如图 3-16 所示,其中负载电阻阻值为R。当输入电压 $u_2 = U_2 \sin \omega t$($其中U_2$为交流电输入变压器二次侧有效值),触发延迟角为α时,试求:

（1）直流电压输出平均值 U_d 以及电流输出平均值 I_d;

（2）以晶闸管VT$_1$为例,考虑安全裕量,试确定该晶闸管的额定电压 $U_{\text{N,VT}}$;

（3）以晶闸管VT$_1$为例,考虑安全裕量,试确定该晶闸管的额定电流 $I_{\text{N,VT}}$;

（4）试求流经晶闸管VT$_1$的电流平均值 $I_{\text{d,VT}}$,以及变压器二次侧电流有效值I_2;

（5）在不考虑损耗时,试求变压器容量 S_T。

【解】 （1）依据图 3-19 可知,输出电压的平均值

$$U_\text{d} = \frac{2}{2\pi} \int_{\alpha}^{\pi} \sqrt{2} U_2 \sin \omega t \, \text{d}(\omega t) = \frac{2\sqrt{2} U_2}{\pi} (1 + \cos \alpha) = 0.9 U_2 \frac{1 + \cos \alpha}{2}$$

输出电流的平均值

$$I_\text{d} = \frac{U_\text{d}}{R}$$

（2）晶闸管所需承受的断态重复峰值电压

$$U_{\text{DRM}} = \frac{1}{2} \sqrt{2} U_2$$

反向重复峰值电压 U_{RRM} 绝对值为$\sqrt{2} U_2$,即在其工作的多个周期内,承受的最大电压值的绝对值为$\sqrt{2} U_2$,考虑安全裕量,需增加 2~3 倍选取额定电压以保证工作的可靠性与安全性,因此额定电压 $U_{\text{N,VT}} = (2 \sim 3) \times \sqrt{2} \times U_2$。

（3）流过晶闸管VT$_1$的电流有效值

$$I_{\text{VT}} = \sqrt{\frac{1}{2\pi} \int_{\alpha}^{\pi} \left(\frac{\sqrt{2} U_2}{R} \sin \omega t \right)^2 \text{d}(\omega t)} = \frac{\sqrt{2} U_2}{R} \sqrt{\frac{1}{2\pi} \sin 2\alpha + \frac{\pi - \alpha}{\pi}}$$

考虑安全裕量,则该晶闸管的额定电流

$$I_{\text{N,VT}} \approx (1.5 \sim 2) \times \frac{I_{\text{VT}}}{1.57}$$

（4）由于晶闸管VT$_1$和VT$_4$与晶闸管VT$_2$和VT$_3$轮流导通,提供负载电流通路,因此,流经某一个晶闸管的电流平均值为负载平均电流的一半,即

$$I_{\text{d,VT}} = \frac{1}{2} I_\text{d}$$

变压器二次侧电流为交流形式,正半周与负半周相等,其有效值与输出电流有效值相等,为

$$I_2 = \sqrt{\frac{1}{\pi}\int_\alpha^\pi \left(\frac{\sqrt{2}U_2}{R}\sin \omega t\right)^2 \mathrm{d}(\omega t)} = \frac{U_2}{R}\sqrt{\frac{1}{2\pi}\sin 2\alpha + \frac{\pi-\alpha}{\pi}}$$

(5)在不考虑损耗时,变压器容量$S_\mathrm{T} = U_2 I_2$。

2. 单相桥式全控整流电路带阻感负载

单相桥式全控整流电路带阻感负载原理图如图3-20所示,负载部分包括电阻负载R及电感负载L串联而成的阻感负载。输出电压u_d为电阻和电感串联部分的电压。电感为电路中的储能元件,将使电路中的电流无法突变。

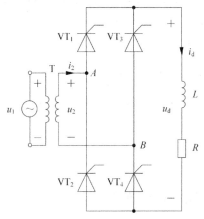

图3-20   单相桥式全控整流电路带阻感负载原理图

将电路中的电力电子"开关"晶闸管,视为理想开关,则该电路工作状态图如图3-18(a)和(b)所示。其中,电感与电阻视为串联的负载,代替原先的电阻。

假设已知输入电路的交流电压u_2为正弦形式的交流电,且周期为2π,负载电感很大,当该电路中晶闸管的触发延迟角$\alpha = \pi/3$时,波形如图3-21所示。电路具体工作动态过程如下。

(1)当$u_2 > 0$且$u_\mathrm{g1} = u_\mathrm{g4} > 0$时,晶闸管$VT_1$和$VT_4$导通,晶闸管$VT_2$和$VT_3$关断,电路模型工作状态图如图3-18(a)所示,电路中存在电流回路(Ⅰ),输出电压$u_\mathrm{d} = u_2$,该电路输出波形如图3-21中的2区所示。

(2)当$u_2 < 0$且$u_\mathrm{g2} = u_\mathrm{g3} = 0$时,晶闸管$VT_2$和$VT_3$准备导通,但是相应触发信号还没有到,因此晶闸管$VT_2$和$VT_3$关断。由于负载电感中存有能量,电路中负载电流无法突变为零,会使原先导通的晶闸管VT_1和VT_4持续导通,以提供电感放电通路,电路模型工作状态图如图3-18(a)所示,电路中存在电流回路(Ⅰ),输出电压$u_\mathrm{d} = u_2$,该电路输出波形如图3-21中的3区所示。

(3)当$u_2 < 0$且$u_\mathrm{g2} = u_\mathrm{g3} > 0$时,晶闸管$VT_2$和$VT_3$导通,$u_2$通过导通的$VT_2$和$VT_3$给晶闸

管VT₁和VT₄施加反向电压,使其关断。电路模型工作状态图如图 3-18(b)所示,电路中存在电流回路Ⅱ,输出电压 $u_d = -u_2$,该电路输出波形如图 3-21 中的 4 区所示。

(4)当 $u_2 > 0$ 且 $u_{g1} = u_{g4} = 0$ 时,晶闸管VT₁和VT₄准备导通,但是相应触发信号还没有到,因此晶闸管VT₁和VT₄关断。由于负载电感中存有能量,电路中负载电流无法突变为零,会使得原先导通的晶闸管VT₂和VT₃持续导通,以提供电感放电通路,电路模型工作状态图如图 3-18(b)所示,电路中存在电流回路(Ⅱ),输出电压 $u_d = -u_2$,该电路输出波形如图 3-21 中的 1 区所示。

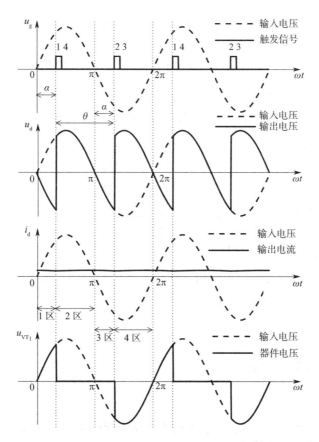

图 3-21　单相桥式全控整流电路带阻感负载 $\alpha = \pi/3$ 时波形

可见,单相桥式全控整流电路阻感负载的输出电流在电感足够大时,波形连续近似直线。由于电感的储能功能,使晶闸管无法及时关断,造成输出电压会出现负值,降低了输出电压的平均值。同时,晶闸管延长了导通时间,导通角不再受到延迟触发信号 α 的影响,始终满足 $\theta = \pi$ 。当触发延迟角 $\alpha = \pi/2$ 时,输出波形如图 3-22 所示。此时输出电压平均值 $U_d = 0$,为最低值。因此单相桥式全控整流电路带阻感负载时,触发延迟角取值范围为 $\alpha \in [0 \sim \pi/2]$ 。

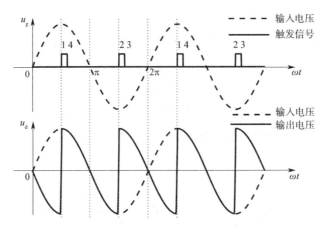

图 3-22　单相桥式全控整流电路带阻感负载 $\alpha = \pi/2$ 时波形

【例 3-5】 已知某单相桥式全控整流电路如图 3-20 所示,其中负载电阻阻值为R,电感值L极大。当输入电压 $u_2 = U_2 \sin \omega t$（其中U_2为交流电输入变压器二次侧有效值）,触发延迟角为α时,试求:

（1）直流电压输出平均值 U_d 以及电流输出平均值 I_d;

（2）流经晶闸管VT_1的电流平均值$I_{d,VT}$以及有效值I_{VT}。

【解】（1）依据图 3-21 可知,输出电压的平均值

$$U_d = \frac{2}{2\pi} \int_{\alpha}^{\pi+\alpha} \sqrt{2} U_2 \sin \omega t \mathrm{d}(\omega t) = \frac{2\sqrt{2} U_2}{\pi} \cos \alpha = 0.9 U_2 \cos \alpha$$

当电感足够大时,该电路输出的电流值将为近似平直的一条直线,因此直流电流输出平均值一般采用工程近似方法,即

$$I_d \approx \frac{U_d}{R}$$

（2）流经晶闸管 VT_1 的电流平均值

$$I_{d,VT} = \frac{1}{2} I_d$$

由于输出电流近似为平直的直线,因此流经晶闸管VT_1的电流有效值

$$I_{VT} = \sqrt{\frac{1}{2\pi} \int_{\alpha}^{\pi+\alpha} I_d^2 \mathrm{d}(\omega t)} = \frac{1}{\sqrt{2}} I_d$$

3.2.4　单相全波可控整流电路

单相全波可控整流电路（Single Phase Full Wave Controlled Rectifier）又称为单相双半波可控整流电路,带电阻负载时的原理图如图 3-23 所示。电路中变压器T带中心抽头,分为变压器二次绕组上半部分及下半部分,电压为u_2。电路包含两个晶闸管,分别为VT_1和VT_2,对应的触发信号分别为u_{g1}和u_{g2}。变压器二次侧电流为i_{21}和i_{22},分别连接VT_1和VT_2。

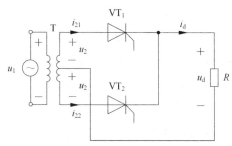

图 3-23　单相全波可控整流电路带电阻负载原理图

单相全波可控整流电路中有两个电子开关,按照开关的导通与关断状态,分段分析电路的工作过程,该电路共有三个工作状态,如图 3-24 所示。在工作状态 1,S_1 导通 S_2 关断,形成电流回路(Ⅰ)为负载供电;在工作状态 2,S_2 导通 S_1 关断,形成电流回路(Ⅱ)为负载供电;在工作状态 3,S_1 和 S_2 均关断,电路中无电流回路。由于晶闸管 VT_1 和 VT_2 的阴极接在一起,因此不会出现两个晶闸管均导通的情况。

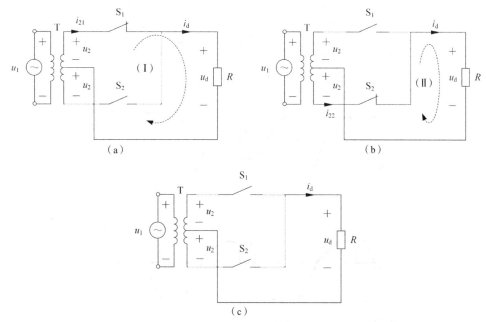

图 3-24　单相全波可控整流电路带电阻负载模型工作状态图

(a)工作状态 1:S_1 导通　(b)工作状态 2:S_2 导通　(c)工作状态 3:S_1 和 S_2 均关断

假设已知输入电路的交流电压 u_2 为正弦形式的交流电,且周期为 2π,负载电感很大,当该电路中晶闸管的触发延迟角 $\alpha = \pi/3$ 时,波形如图 3-25 所示。电路具体工作动态过程如下。

(1)当 $u_2 > 0$ 且 $u_{g1} = 0$ 时,晶闸管 VT_1 承受正电压准备导通,由于触发信号为零,故晶闸管 VT_1 关断,电路模型工作状态如图 3-24(c)所示,电路无电流回路,输出电压 $u_d = 0$。电路输出曲线如图 3-25 中的 1 区所示,1 区持续时间为触发延迟角 α。

（2）当 $u_2 > 0$ 且 $u_{g1} > 0$ 时,晶闸管 VT_1 导通,晶闸管 VT_2 关断,电路模型工作状态如图 3-24（a）所示,电路中形成电流回路（Ⅰ）,输出电压 $u_d = u_2$。电路输出曲线如图 3-25 中的 2 区所示,2 区持续的时间为导通角 θ,满足 $\theta + \alpha = \pi$。

（3）当 $u_2 < 0$ 且 $u_{g2} = 0$ 时,晶闸管 VT_2 承受正电压准备导通,由于触发信号为零,故晶闸管 VT_2 关断,电路模型工作状态如图 3-24（c）所示,电路无电流回路,输出电压 $u_d = 0$。电路输出曲线如图 3-25 中的 3 区所示。一般 VT_1 和 VT_2 选取相同的触发延迟角,故 3 区持续时间也为触发延迟角 α。

（4）当 $u_2 < 0$ 且 $u_{g2} > 0$ 时,晶闸管 VT_2 导通,晶闸管 VT_1 关断,电路模型工作状态如图 3-24（b）所示,电路中形成电流回路（Ⅱ）,输出电压 $u_d = -u_2$。电路输出曲线如图 3-25 中的 4 区所示。

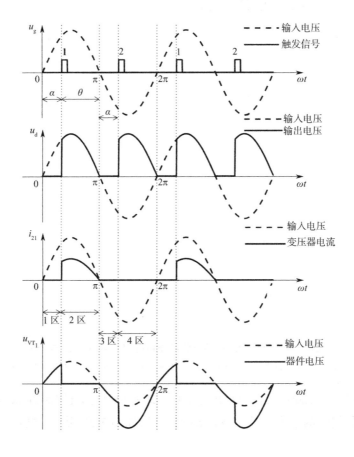

图 3-25　单相全波可控整流电路带阻感负载 $\alpha = \pi/3$ 时波形

可见单相全波可控整流电路输出电压波形与单相桥式全控整流电路相同,不同之处在于晶闸管两端承受的电压。以晶闸管 VT_1 为例,当其导通时,承受电压为零;当其关断时,如果 VT_2 也关断,则器件电压 $u_{VT_1} = u_2$;当其关断时,如果 VT_2 导通,则会经由 VT_2 将第二个输入电压 u_2 引入 VT_1 的阴极,使其承受两倍的输入电压 u_2,即 $u_{VT_1} = 2u_2$。因此在选取合适的晶闸管时,要考虑更好的耐压性能。该电路使用的电力电子器件数量少,结构简单,但是变压器结构复杂,且晶闸管承受电压较高,因此多用于低电压的应用场景。

3.2.5 单相桥式半控整流电路

1. 单相桥式半控整流电路带电阻负载

单相桥式全控整流电路中共有四个晶闸管,如图 3-16 所示,每组电子开关由两个晶闸管组成,同通同断,电路名称中"全控"的含义即四个电子开关均采用半控型器件——晶闸管。为了简化该电路,每组构成电流通路的两个晶闸管,均可以采用一个晶闸管和一个电力二极管进行替换。实际应用中考虑到 VT_1 和 VT_3 两个晶闸管阴极接在一起,更方便连接触发信号,因此通常使用电力二极管 VD_2 和 VD_4 代替晶闸管 VT_2 和 VT_4,形成单相桥式半控整流电路如图 3-26 所示,两个晶闸管的控制触发信号为 u_{g1} 和 u_{g3}。

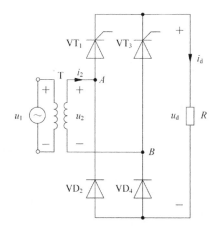

图 3-26　单相桥式半控整流电路带电阻负载原理图

单相桥式半控整流电路带电阻负载时的工作状态和电路输出与单相桥式全控整流电路带电阻负载时完全相同,故不再重复分析。

2. 单相桥式半控整流电路带阻感负载

单相桥式半控整流电路带阻感型负载时,原理图如图 3-27 所示。由于电感的储能作用,使晶闸管无法及时关断,需要提供额外的电流续流通路,因此工作过程将与单相桥式全控整流电路不同,共分为四个工作状态,如图 3-28 所示。

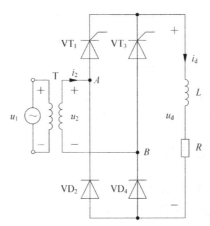

图 3-27　单相桥式半控整流电路带阻感负载原理图

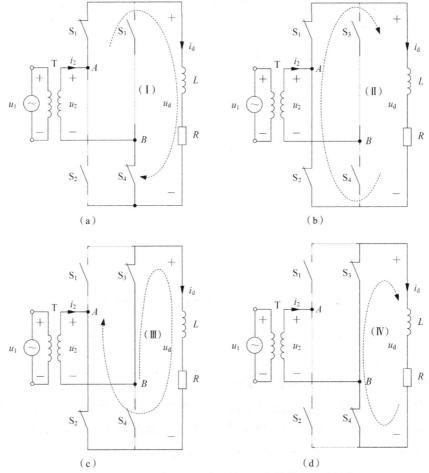

（a）　　　　　　　　　　　　　　　　　（b）

（c）　　　　　　　　　　　　　　　　　（d）

图 3-28　单相桥式半控整流电路带阻感负载模型工作状态图

（a）工作状态 1：S_1 和 S_4 导通　（b）工作状态 2：S_1 和 S_2 导通　（c）工作状态 3：S_3 和 S_2 导通　（d）工作状态 4：S_3 和 S_4 导通

单相桥式半控整流电路中四个电子开关相互配合,按照开关的导通与关断状态,分段分析电路的工作过程,该电路共有四个工作状态,如图 3-28 所示。在工作状态 1,S_1 和 S_4 导通,S_2 和 S_3 关断,形成电流回路(Ⅰ)为负载供电;在工作状态 2,S_1 和 S_2 导通,S_3 和 S_4 关断,形成电流回路(Ⅱ),为负载提供续流回路;在工作状态 3,S_2 和 S_3 导通,S_1 和 S_4 关断,形成电流回路(Ⅲ)为负载供电;在工作状态 4,S_3 和 S_4 导通,S_1 和 S_2 关断,形成电流回路(Ⅳ),为负载提供续流回路。

其在正常工作情况下,与单相桥式全控整流电路带阻感负载时相同。该电路减少了晶闸管的使用,在晶闸管触发正常时可以正常工作。但是一旦电路中出现某个晶闸管触发信号丢失,就会造成整体电路失控。例如,在电路动态过程中,当晶闸管 VT_3 丢失触发信号 u_{g3},未能及时导通时,则由于电感的储能作用导致的续流现象将使晶闸管 VT_1 和电力二极管 VD_2 持续导通直至 $u_2 > 0$,使电力二极管 VD_4 导通。由于在这一过程中晶闸管 VT_1 一直有电流流过,因此其不必等待触发信号 u_{g1} 将一直导通。这就造成了一个周期内,晶闸管 VT_1 持续导通,电力二极管 VD_2 和 VD_4 轮流导通的现象,使晶闸管触发信号失去控制作用,不会对电路输出形成控制调节作用,且电路输出电压平均值保持恒定。

3. 带续流二极管的单相桥式半控整流电路带阻感负载

带续流二极管的单相桥式半控整流电路带阻感负载原理图如图 3-29 所示,增加了续流二极管 VD_R,使电感作用下的电路可以形成续流回路,避免了失控现象的发生。

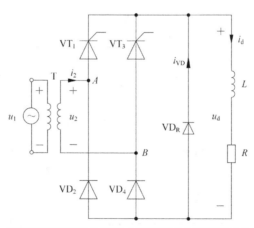

图 3-29　带续流二极管的单相桥式半控整流电路带阻感负载原理图

在续流二极管的作用下,该电路共包含五个开关 $S_1 \sim S_5$,相互配合共形成三个工作状态,如图 3-30 所示。在工作状态 1,S_1 和 S_4 导通,S_2、S_3 和 S_5 关断,形成电流回路(Ⅰ)为负载供电;在工作状态 2,S_2 和 S_3 导通,S_1、S_4 和 S_5 关断,形成电流回路(Ⅱ)为负载供电;在工作状态 3,$S_1 \sim S_4$ 关断,S_5 导通,形成电流回路(Ⅲ),不经输入交流电源,为续流回路。

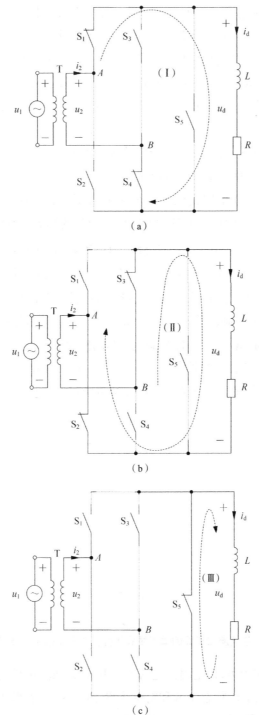

图 3-30　带续流二极管的单相桥式半控整流电路带阻感负载模型工作状态图

（a）工作状态 1：S_1 和 S_4 导通　（b）工作状态 2：S_3 和 S_4 导通　（c）工作状态 3：S_5 导通

假设已知输入电路的交流电压 u_2 为正弦形式的交流电，且周期为 2π，负载电感极大，当该电路中晶闸管的触发延迟角为 $\alpha = \pi/3$ 时，电路的输出波形如图 3-31 所示。电路具体工作动态过程如下。

（1）当 $u_2 > 0$ 且 $u_{g1} > 0$ 时，晶闸管 VT_1 和电力二极管 VD_4 导通，晶闸管 VT_3、电力二极管 VD_2 关断，续流二极管 VD_R 关断，电路模型工作状态图如图 3-30（a）所示，电路中存在电流回路（Ⅰ），输出电压 $u_d = u_2$，输出波形如图 3-31 中的 2 区所示。

（2）当 $u_2 < 0$ 且 $u_{g3} = 0$ 时，由于电感的储能作用，续流二极管 VD_R 导通，晶闸管 VT_1、VT_3，电力二极管 VD_2、VD_4 均关断电路模型工作状态图如图 3-30（c）所示，电路中存在电流回路（Ⅲ），输出电压 $u_d = 0$，输出波形如图 3-31 中的 3 区所示。

（3）当 $u_2 < 0$ 且 $u_{g3} > 0$ 时，晶闸管 VT_3 和电力二极管 VD_2 导通，晶闸管 VT_1、电力二极管 VD_4 关断，续流二极管 VD_R 关断，电路模型工作状态图如图 3-30（b）所示，电路中存在电流回路（Ⅱ），输出电压 $u_d = -u_2$，输出波形如图 3-31 中的 4 区所示。

（4）当 $u_2 > 0$ 且 $u_{g1} = 0$ 时，由于电感的储能作用，续流二极管 VD_R 导通，电路模型工作状态图如图 3-30（c）所示，电路中存在电流回路（Ⅲ），输出电压 $u_d = 0$，输出波形如图 3-31 中的 1 区所示。

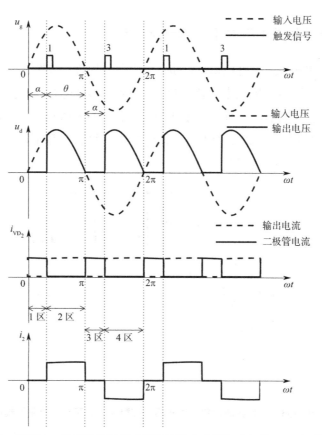

图 3-31　带续流二极管的单相桥式半控整流电路带阻感负载 $\alpha = \pi/3$ 时波形

单相桥式半控整流电路更换晶闸管的方式还可以使用电力二极管VD_3和VD_4代替晶闸管VT_3和VT_4,形成单相桥式半控整流电路,如图3-32所示。在这种结构下,VD_3和VD_4串联可以起到联合续流二极管的作用,提供稳定的续流回路,同样可以避免失控现象。该种接法缺点为两个晶闸管VT_1和VT_2不是共阴极接法,各自触发电路,安装时需要相互隔离。

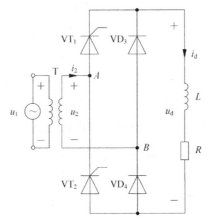

图 3-32　单相桥式半控整流电路改变连接原理图

3.2.6　电容滤波的单相桥式不可控整流电路

电容滤波的单相桥式不可控整流电路带电阻负载原理图如图3-33所示,包括变压器T、四个电力二极管$VD_1 \sim VD_4$、电阻负载R以及储能元器件电容C。电容并联在负载电阻两端,起到了低通滤波的作用,使直流输出更为平滑,解决脉动问题。在一些单相交流输入的小功率用电情境下,可以采用不可控器件电力二极管代替半控型器件晶闸管,形成不需要触发电路的不可控整流电路。

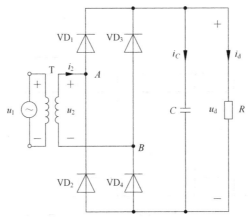

图 3-33　电容滤波的单相桥式不可控整流电路带电阻负载原理图

该电路共包含四个开关 $S_1 \sim S_4$,相互配合共形成三个工作状态,如图3-34所示。在工作状态 1,S_1 和 S_4 导通,S_2 和 S_3 关断,形成电流回路(Ⅰ)为负载供电,并为电容充电;在工作状态 2,S_1~S_4 关断,电容中储存的电能为电阻负载供电,形成电流回路(Ⅱ),电容放电;在工作状态 3,S_2 和 S_3 导通,S_1 和 S_4 关断,形成电流回路(Ⅲ)为负载供电,并为电容充电。

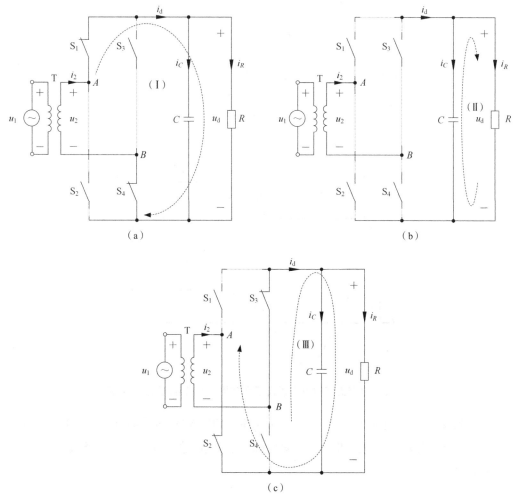

图 3-34　电容滤波的单相桥式不可控整流电路带电阻负载模型工作状态图

(a)工作状态 1:S_1 和 S_4 导通　(b)工作状态 2:S_1~S_4 均关断　(c)工作状态 3:S_2 和 S_3 导通

假设已知输入电路的交流电压 u_2 为正弦形式的交流电,且周期为 2π,电路波形如图 3-35 所示。电容与电阻并联,电容两端电压为输出电压 u_d。电路工作在稳定状态后,具体工作动态过程如下。

(1)当交流输入电源电压绝对值 $|u_2|>u_d$ 时,对应桥臂上的两个电力二极管导通,$u_2>0$ 时,VD_1 和 VD_4 导通,电路工作于图 3-34(a)所示状态,形成电流回路(Ⅰ);$u_2<0$ 时,VD_2 和 VD_3 导通,电路工作于图 3-34(c)所示状态,形成电流回路(Ⅲ)。交流电源向电阻负载供电,并向电容两端充电,使负载电压逐步提升。该过程持续时间即为导通时间,表

示为导通角θ,如图 3-35 中的 1 区所示。

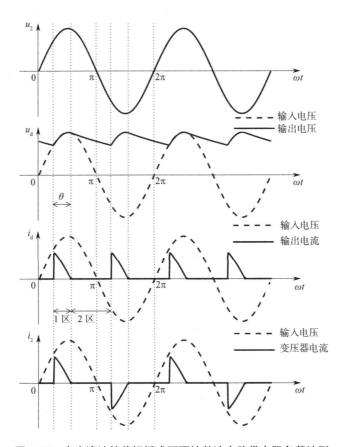

图 3-35　电容滤波的单相桥式不可控整流电路带电阻负载波形

（2）当交流输入电源电压绝对值$|u_2| < u_d$时, $VD_1 \sim VD_4$ 均关断,电路工作于图 3-34 (b)所示状态,形成电流回路(Ⅱ),电容向负载电阻放电,输出电压缓慢下降,如图 3-35 中的 2 区所示。

第 3 节　三相整流电路

3.3.1　三相半波不可控整流电路

三相半波不可控整流电路带电阻负载原理图如图 3-36 所示,包括变压器T、三个电力二极管 $VD_1 \sim VD_3$,接电阻负载R。三相变压器采用三角/星形连接,得到接入电路的 a、b、c 三相电 u_a、u_b、u_c 三相电源。其一次侧采用三角形连接,避免三次谐波接入电网;二次侧采用星形连接以得到公共零点。三个电力二极管以共阴极接法分别接在每相输入电源通路上。

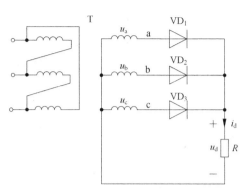

图 3-36 三相半波不可控整流电路带电阻负载原理图

该电路共包含三个开关 S_1~S_3 分别对应三个电力二极管 VD_1~VD_3,相互配合共形成三个工作状态,如图 3-37 所示。在工作状态 1,S_1 导通,S_2、S_3 关断,形成电流回路(Ⅰ)为负载供电;在工作状态 2,S_2 导通,S_1、S_3 关断,形成电流回路(Ⅱ)为负载供电;在工作状态 3,S_3 导通,S_1、S_2 关断,形成电流回路(Ⅲ)为负载供电。

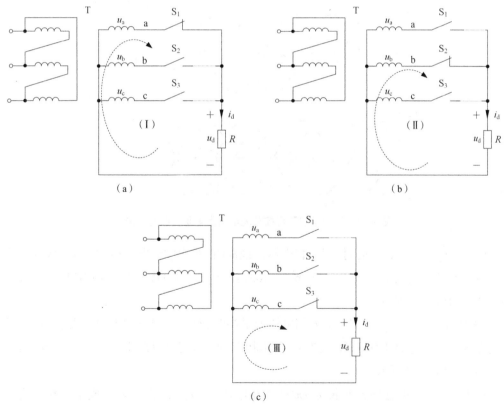

图 3-37 三相半波不可控整流电路带电阻负载模型工作状态图
(a)工作状态 1:S_1 导通 (b)工作状态 2:S_2 导通 (c)工作状态 3:S_3 导通

假设已知输入电路的三相交流电压 u_a、u_b、u_c 为正弦形式的交流电,且周期为 2π,电路波形如图 3-38 所示。电路具体工作动态过程如下。

（1）当 $u_a > u_b$ 且 $u_a > u_c$ 时，即 a 相电压值最高时，对应的通路中电力二极管 VD_1 承受正向电压导通。电路工作于图 3-37（a）所示状态，形成电流回路（Ⅰ），输出电压 $u_d = u_a$，如图 3-38 中的 1 区所示。

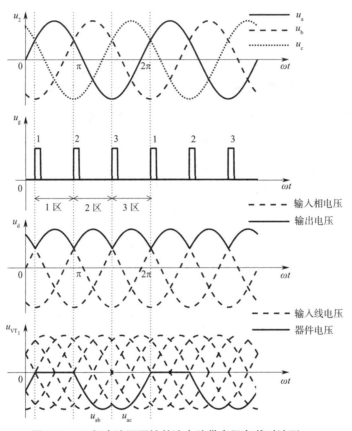

图 3-38　三相半波不可控整流电路带电阻负载时波形

（2）当 $u_b > u_a$ 且 $u_b > u_c$ 时，即 b 相电压值最高时，对应的通路中电力二极管 VD_2 承受正向电压导通。电路工作于图 3-37（b）所示状态，形成电流回路（Ⅱ），输出电压 $u_d = u_b$，如图 3-38 中的 2 区所示。

（3）当 $u_c > u_b$ 且 $u_c > u_a$ 时，即 c 相电压值最高时，对应的通路中电力二极管 VD_3 承受正向电压导通。电路工作于图 3-37（c）所示状态，形成电流回路（Ⅲ），输出电压 $u_d = u_c$，如图 3-38 中的 3 区所示。

可见，每个二极管导通时长为 $2\pi/3$，在相电压 u_a、u_b、u_c 交点处完成了工作状态切换，实现了输出电压换相，因此称这些相电压交点为自然换相点。输出直流电每个周期会有三次波峰，比单相整流电路电压输出脉动小，电路输出功率大，电压高，因此应用较为广泛。当电力二极管导通时理想情况下其两端电压为零；当电力二极管关断时，将因为其他电力二极管的导通,承受三相交流电的线电压。以 VD_1 为例,当 VD_1 导通时,器件电压为零;当 VD_1 关断且 VD_2 导通时,器件电压为 a、b 两相之间的电压差,即线电压 $u_{ab} = u_a - u_b$;当 VD_1 关断且 VD_3 导通时,器件电压为 a、c 两相之间的电压差,即 $u_{ac} = u_a - u_c$。

3.3.2 三相半波可控整流电路

1. 三相半波可控整流电路带电阻负载

三相半波可控整流电路带电阻负载原理图如图 3-39 所示,包括变压器 T、三个晶闸管 VT_1~VT_3,接电阻负载 R。电路结构与三相半波不可控整流电路相同,不同之处为电力电子器件更换为三个晶闸管 VT_1~VT_3,分别接在 a、b、c 三相电通路。由于更换了半控型电力电子器件,该电路将能够接收控制信号 u_{g1}~u_{g3},调节输出电压的平均值。当晶闸管在自然换相点触发时,即触发延迟角 $\alpha = 0$ 时,电路工作状态及输出波形将与三相半波可控整流电路完全一致。

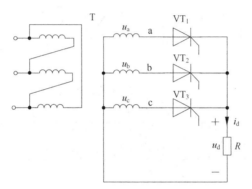

图 3-39 三相半波可控整流电路带电阻负载原理图

当触发延迟角 $\alpha > 0$ 时,晶闸管的导通将受到触发信号控制,无法在自然换相点直接完成换相,可能会造成三个晶闸管均不导通的工作状态。因此,该电路工作状态如图 3-37 和图 3-40 所示,共分为四个工作状态,工作状态 1~3 与三相半波不可控整流电路相同,工作状态 4 为三个开关 S_1~S_3 均不导通,电路中无电流通路,如图 3-40 所示。

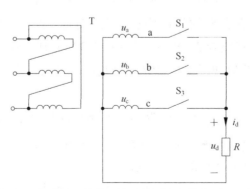

图 3-40 三相半波可控整流电路带电阻负载模型工作状态 4

假设已知输入电路的三相交流电压 u_a、u_b、u_c 为正弦形式的交流电,且周期为 2π,触发延迟角 $\alpha = \pi/6$ 时,电路波形如图 3-41 所示。电路具体工作动态过程如下。

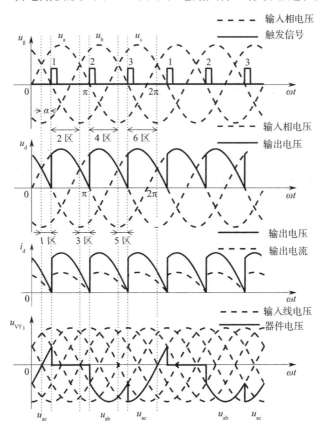

图 3-41　三相半波可控整流电路带电阻负载 $\alpha = \pi/6$ 时波形

（1）当 $u_a > u_b$、$u_a > u_c$ 且 $u_{g1} > 0$ 时,即 a 相电压值最高时,晶闸管 VT_1 承受正向电压,且有触发信号,因此 VT_1 导通。电路工作于图 3-37（a）所示状态,形成电流回路（Ⅰ),输出电压 $u_d = u_a$,输出波形如图 3-41 中的 2 区所示。

（2）当 $u_b > u_a > 0$、$u_b > u_c$ 且 $u_{g2} = 0$ 时,即 b 相电压值最高时,晶闸管 VT_2 承受正向电压,准备导通,但是触发信号还没有到,因此 VT_2 无法导通。此时,由于 $u_a > 0$,因此晶闸管 VT_1 仍然具备导通条件,持续导通,电路工作于图 3-37（a）所示状态,形成电流回路（Ⅰ)。输出电压 $u_d = u_a$,输出波形如图 3-41 中的 3 区所示。该区持续的时长表示为触发延迟角 α。

（3）当 $u_b > u_a$、$u_b > u_c$ 且 $u_{g2} > 0$ 时,即 b 相电压值最高时,晶闸管 VT_2 承受正向电压,且有触发信号,因此 VT_2 导通。电路工作于图 3-37（b）所示状态,形成电流回路（Ⅱ),输出电压 $u_d = u_b$,输出波形如图 3-41 中的 4 区所示。

（4）当 $u_c > u_b > 0$、$u_c > u_a$ 且 $u_{g3} = 0$ 时,即 c 相电压值最高时,晶闸管 VT_3 承受正向电

压,准备导通,但是触发信号还没有到,因此 VT_3 无法导通。此时,由于 $u_b > 0$,因此晶闸管 VT_2 仍然具备导通条件,持续导通,电路工作于图 3-37(b)所示状态,形成电流回路(Ⅱ)。输出电压 $u_d = u_b$,输出波形如图 3-41 中的 5 区所示。该区持续的时长表示为触发延迟角 α。

（5）当 $u_c > u_b$、$u_c > u_a$ 且 $u_{g3} > 0$ 时,即 c 相电压值最高时,晶闸管 VT_3 承受正向电压,且有触发信号,因此 VT_3 导通。电路工作于图 3-37(c)所示状态,形成电流回路(Ⅲ),输出电压 $u_d = u_c$,输出波形如图 3-41 中的 6 区所示。

（6）当 $u_a > u_c > 0$、$u_a > u_b$ 且 $u_{g1} = 0$ 时,即 a 相电压值最高时,晶闸管 VT_1 承受正向电压,准备导通,但是触发信号还没有到,因此 VT_1 无法导通。此时,由于 $u_c > 0$,因此晶闸管 VT_3 仍然具备导通条件,持续导通,电路工作于图 3-37(c)所示状态,形成电流回路(Ⅲ)。输出电压 $u_d = u_c$,输出波形如图 3-41 中的 1 区所示。

可见三相半波可控整流电路加电阻负载 $\alpha = \pi/6$ 时输出电流是连续的,每个时刻均有一个晶闸管导通,提供相应的电流回路,三个晶闸管分别导通 $2\pi/3$。

晶闸管两端的电压以 VT_1 为例,当其导通时,承受电压 $u_{VT_1} = 0$,如图 3-41 中的 2 区、3 区所示;当 VT_2 导通时,$u_{VT_1} = u_{ac}$,为三相电线电压,如图 3-41 中的 4 区和 5 区所示;当 VT_3 导通时,$u_{VT_1} = u_{ab}$,如图 3-41 中的 1 区和 6 区所示。

在 $\alpha \in [0,\ \pi/6]$ 时,三相半波可控整流电路带电阻负载时输出电流均是连续的,每个晶闸管的导通角均为 $2\pi/3$,且与触发延迟角 α 的具体取值无关。

如果 $\alpha = \pi/6$,并继续增加,则该电路的输出电流将出现断续的情况,以 $\alpha = \pi/3$ 为例,电路波形如图 3-42 所示。电路具体工作动态过程如下。

（1）当 $u_a > u_c$、$u_a > u_b$ 且 $u_{g1} > 0$ 时,对应的晶闸管 VT_1 导通。电路工作于图 3-37(a)所示状态,形成电流回路(Ⅰ),输出电压 $u_d = u_a$,如图 3-42 中的 1 区所示。

（2）当 $u_b > u_a > 0$、$u_b > u_c$ 且 $u_{g2} = 0$ 时,即 b 相电压值最高时,晶闸管 VT_2 承受正向电压,准备导通,但是触发信号还没有到,因此 VT_2 无法导通。此时,由于 $u_a > 0$,因此晶闸管 VT_1 仍然具备导通条件,持续导通,电路工作于图 3-37(a)所示状态,形成电流回路(Ⅰ),输出电压 $u_d = u_a$,如图 3-42 中的 2 区所示。

（3）当 $u_b > u_a$、$u_a < 0$ 且 $u_{g2} = 0$ 时,晶闸管 VT_2 触发信号没有到,无法导通。同时,VT_1 因为承受反向电压,因此关断。故电路中此时无晶闸管导通,电路工作于图 3-40 所示状态,输出电压 $u_d = 0$,无电流通路,如图 3-42 中的 3 区所示。

（4）当 $u_b > u_a$、$u_b > u_c$ 且 $u_{g2} > 0$ 时,对应的晶闸管 VT_2 导通。电路工作于图 3-37(b)所示状态,形成电流回路(Ⅱ),输出电压 $u_d = u_b$,如图 3-42 中的 4 区所示。

（5）当 $u_c > u_b > 0$、$u_c > u_a$ 且 $u_{g3} = 0$ 时,即 c 相电压值最高时,晶闸管 VT_3 承受正向电压,准备导通,但是触发信号还没有到,因此 VT_3 无法导通。此时,由于 $u_b > 0$,因此晶闸管仍然具备导通条件,持续导通,电路工作于图 3-37(b)所示状态,形成电流回路(Ⅱ),输出电压 $u_d = u_b$,如图 3-42 中的 5 区所示。

(6)当 $u_c > u_b$、$u_b < 0$ 且 $u_{g3} = 0$ 时,晶闸管 VT$_3$ 触发信号没有到,无法导通。同时,VT$_2$ 因为承受反向电压,因此关断。故电路中此时无晶闸管导通,电路工作于图 3-40 所示状态,输出电压 $u_d = 0$,无电流通路,如图 3-42 中的 6 区所示。

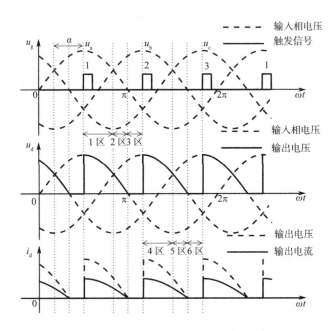

图 3-42   三相半波可控整流电路带电阻负载 $\alpha = \pi/3$ 时波形

可见,此时三相半波可控整流电路带电阻负载 $\alpha = \pi/3$ 时输出电流是断续的,每个晶闸管分别导通 $\pi/2$,电路出现了三个晶闸管均不导通的情况,且随着 α 的持续增加,输出电压将持续降低,直至为零,触发延迟角的取值范围为 $\alpha \in [0, 5\pi/6]$。

【例 3-6】 已知某三相半波可控整流电路如图 3-39 所示,其中负载电阻阻值为 R。当输入电压 $u_2 = U_2 \sin \omega t$(其中 U_2 为交流电输入变压器二次侧有效值),触发延迟角为 α 时,试求:

(1)输出电流连续时,直流电压输出平均值 U_d 以及电流输出平均值 I_d;

(2)输出电流断续时,直流电压输出平均值 U_d 以及电流输出平均值 I_d;

(3)以晶闸管 VT$_1$ 为例,考虑安全裕量,试确定该晶闸管的额定电压 $U_{N,VT}$。

【解】(1)当 $\alpha \in [0, \pi/6]$ 时,电流连续,输出电压的平均值

$$U_d = \frac{3}{2\pi} \int_{\frac{\pi}{6}+\alpha}^{\frac{5\pi}{6}+\alpha} \sqrt{2} U_2 \sin \omega t \, d(\omega t) = \frac{3\sqrt{6} U_2}{2\pi} \cos \alpha = 1.17 U_2 \cos \alpha$$

输出电流的平均值

$$I_{d} = \frac{U_{d}}{R}$$

（2）当 $\alpha \in [0, 5\pi/6]$ 时,电流断续,输出电压的平均值

$$U_{d} = \frac{3}{2\pi} \int_{\frac{\pi}{6}\alpha}^{\pi} \sqrt{2}U_{2} \sin \omega t d(\omega t) = \frac{3\sqrt{2}U_{2}}{2\pi}[1 + \cos(\frac{\pi}{6} + \alpha)] = 0.675U_{2}[1 + \cos(\frac{\pi}{6} + \alpha)]$$

输出电流的平均值

$$I_{d} = \frac{U_{d}}{R}$$

（3）晶闸管在其工作的多个周期内,承受的最大电压值的绝对值为 $\sqrt{2} \times \sqrt{3}U_{2} = \sqrt{6}U_{2} = 2.45U_{2}$,考虑安全裕量,需增加 2 至 3 倍选取额定电压以保证工作的可靠性与安全性,因此额定电压 $U_{N,VT} = (2 \sim 3)\sqrt{6}U_{2}$。

2. 三相半波可控整流电路带阻感负载

三相半波可控整流电路带阻感负载原理图如图 3-43 所示,负载部分包括电阻负载 R 及电感负载 L 串联而成的阻感负载。输出电压 u_{d} 为电阻和电感串联部分的电压。电感为电路中的储能元件,将使电路中的电流无法突变。

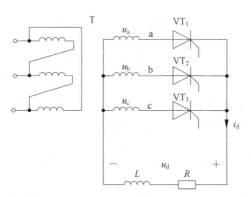

图 3-43　三相半波可控整流电路带阻感负载原理图

当 $\alpha \in [0, \pi/6]$ 时,该电路输出电流连续时,其相关输出电压曲线、晶闸管两端电压曲线均与带电阻负载时相同。不同之处仅在于,输出电流曲线更为平滑,当电感足够大时,输出电流曲线将为一条平直的直线。

当 $\alpha > \pi/6$ 时,电路的输出曲线将与带电阻负载时不同。以 $\alpha = \pi/3$ 时为例,假设已知输入电路的交流电压 u_{2} 为正弦形式的交流电,且周期为 2π,负载电感很大,波形如图 3-44 所示。

可见,由于电感作用,使该电路输出的电流一直处于连续状态,因此每个时刻均有一个晶闸管导通,提供相应的电流回路,三个晶闸管分别导通 $2\pi/3$。

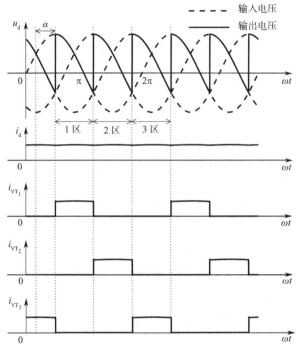

图 3-44　三相半波可控整流电路带阻感负载 $\alpha = \pi/3$ 时波形

【例 3-7】　已知某三相半波可控整流电路如图 3-43 所示,其中负载电阻阻值为 R,电感 L 极大。当输入电压 $u_2 = U_2 \sin \omega t$(其中 U_2 为交流电输入变压器二次侧有效值),触发延迟角为 α 时,试求直流电压输出平均值 U_d 以及电流输出平均值 I_d。

【解】　由于电流连续,因此输出电压的平均值

$$U_d = \frac{3}{2\pi} \int_{\frac{\pi}{6}\alpha}^{\frac{5\pi}{6}\alpha} \sqrt{2}U_2 \sin \omega t \mathrm{d}(\omega t) = \frac{3\sqrt{6}U_2}{2\pi} \cos \alpha = 1.17 U_2 \cos \alpha$$

输出电流的平均值

$$I_d = \frac{U_d}{R}$$

3.3.3　三相桥式全控整流电路

1. 三相桥式全控整流电路带电阻负载

三相桥式全控整流电路带电阻负载如图 3-45 所示,包括变压器 T,六个晶闸管 $VT_1 \sim VT_6$,接电阻负载 R。三相电分别接在三个桥臂中点 a、b、c,VT_1、VT_3、VT_5 三个晶闸管阴极接在一起,称为共阴极组,VT_4、VT_6、VT_2 三个晶闸管阳极接在一起,称为共阳极组。该电路采用了六个半控型电力电子器件,能够接收控制信号 $u_{g1} \sim u_{g6}$,以调节输出电压的平均值。

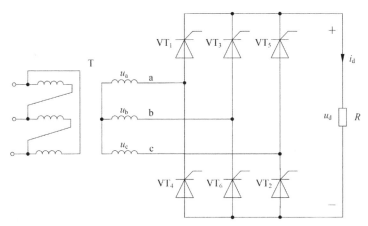

图 3-45 三相桥式全控整流电路带电阻负载原理图

该电路共包含六个开关 S_1~S_6 分别对应六个晶闸管 VT_1~VT_6，相互配合共形成七个工作状态，如图 3-46 所示。在工作状态 1，S_6、S_1 导通，其余开关关断，形成电流回路（Ⅰ）为负载供电；在工作状态 2，S_1、S_2 导通，其余开关关断，形成电流回路（Ⅱ）为负载供电；在工作状态 3，S_3、S_2 导通，其余开关关断，形成电流回路（Ⅲ）为负载供电。在工作状态 4，S_3、S_4 导通，其余开关关断，形成电流回路（Ⅳ）为负载供电；在工作状态 5，S_5、S_4 导通，其余开关关断，形成电流回路（Ⅴ）为负载供电；在工作状态 6，S_5、S_6 导通，其余开关关断，形成电流回路（Ⅵ）为负载供电。在工作状态 7，开关 S_1~S_6 均关断，电路中无电流回路。

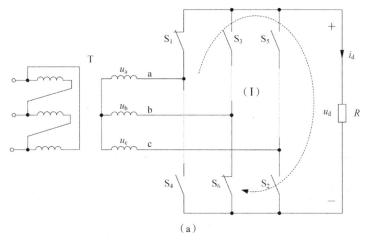

（a）

图 3-46 三相桥式全控整流电路带电阻负载模型工作状态图

（a）工作状态 1：S_1、S_6 导通

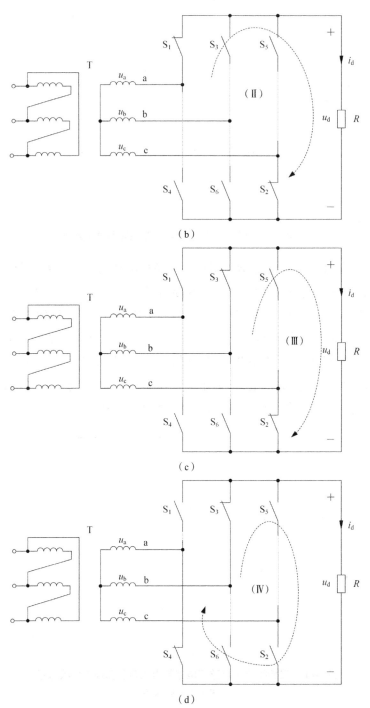

图 3-46　三相桥式全控整流电路带电阻负载模型工作状态图（续）

（b）工作状态 2：S_1、S_2 导通　（c）工作状态 3：S_3、S_2 导通　（d）工作状态 4：S_3、S_4 导通

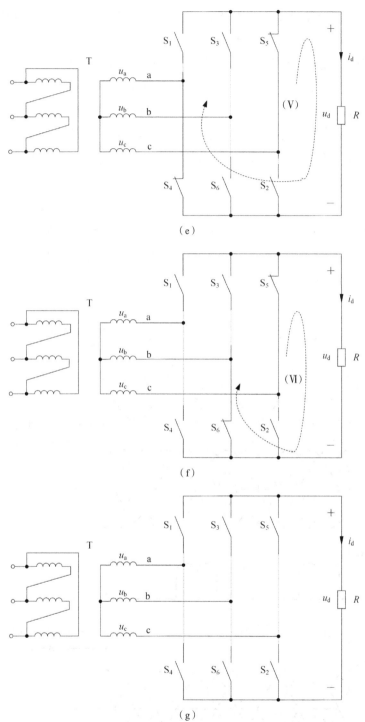

图 3-46　三相桥式全控整流电路带电阻负载模型工作状态图(续)

（e）工作状态 5：S_5、S_4导通　（f）工作状态 6：S_5、S_6导通　（g）工作状态 7:所有开关均不导通

VT_1、VT_3、VT_5阴极接在一起,其阳极电压u_a、u_b、u_c最大值对应的晶闸管将承受正向

电压,具备导通条件;VT$_4$、VT$_6$、VT$_2$阳极接在一起,其阴极电压u_a、u_b、u_c绝对值最大值对应的晶闸管将承受正向电压,具备导通条件。假设已知输入电路的三相交流电压u_a、u_b、u_c为正弦形式的交流电,且周期为2π,触发延迟角$\alpha = 0$时,电路波形如图 3-47 所示,每个时刻共阴极组和共阳极组各有一个晶闸管导通,具体工作动态过程如下。

(1)当$u_a > u_b$、$u_a > u_c$、$u_b < u_c$、$u_b < u_a$时,即 a 相电压值最高且 b 相电压值最低时,晶闸管VT$_1$和VT$_6$承受正向电压,具备导通条件。$u_{g1} > 0$,$u_{g6} > 0$触发信号及时到达,则VT$_1$和VT$_6$导通,电路工作于图 3-46(a)所示的工作状态 1,形成电流回路(Ⅰ),输出电压$u_d = u_{ab}$。输出波形如图 3-47 中的 1 区所示。

(2)当$u_a > u_b$、$u_a > u_c$、$u_c < u_b$、$u_c < u_a$时,即 a 相电压值最高且 c 相电压值最低时,晶闸管VT$_1$和VT$_2$承受正向电压,具备导通条件。$u_{g1} > 0$,$u_{g2} > 0$触发信号及时到达,则VT$_1$和VT$_2$导通,电路工作于图 3-46(b)所示的工作状态 2,形成电流回路(Ⅱ),输出电压$u_d = u_{ac}$。输出波形如图 3-47 中的 2 区所示。

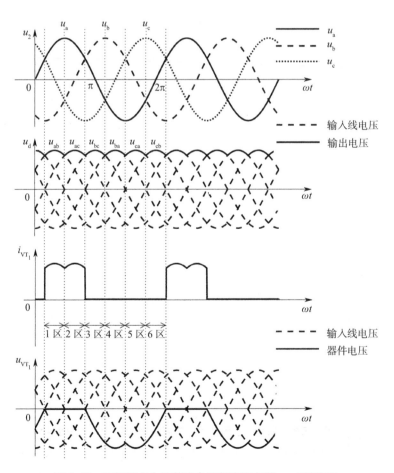

图 3-47   三相桥式全控整流电路带电阻负载$\alpha = 0$时波形

（3）当 $u_b > u_a$、$u_b > u_c$、$u_c < u_b$、$u_c < u_a$ 时，即 b 相电压值最高且 c 相电压值最低时，晶闸管 VT_3 和 VT_2 承受正向电压，具备导通条件。$u_{g3} > 0$，$u_{g2} > 0$ 触发信号及时达到，则 VT_3 和 VT_2 导通，电路工作于图 3-46（c）所示的工作状态 3，形成电流回路（Ⅲ），输出电压 $u_d = u_{bc}$。输出波形如图 3-47 中的 3 区所示。

（4）当 $u_b > u_a$、$u_b > u_c$、$u_a < u_c$、$u_a < u_c$ 时，即 b 相电压值最高且 a 相电压值最低时，晶闸管 VT_3 和 VT_4 承受正向电压，具备导通条件。$u_{g3} > 0$，$u_{g4} > 0$ 触发信号及时达到，则 VT_3 和 VT_4 导通，电路工作于图 3-46（d）所示的工作状态 4，形成电流回路（Ⅳ），输出电压 $u_d = u_{ba}$。输出波形如图 3-47 中的 4 区所示。

（5）当 $u_c > u_b$、$u_c > u_a$、$u_a < u_c$、$u_a < u_b$ 时，即 c 相电压值最高且 a 相电压值最低时，晶闸管 VT_5 和 VT_4 承受正向电压，具备导通条件。$u_{g5} > 0$，$u_{g4} > 0$ 触发信号及时达到，则 VT_5 和 VT_4 导通，电路工作于图 3-46（e）所示的工作状态 5，形成电流回路（Ⅴ），输出电压 $u_d = u_{ca}$。输出波形如图 3-47 中的 5 区所示。

（6）当 $u_c > u_b$、$u_c > u_a$、$u_b < u_c$、$u_b < u_a$ 时，即 c 相电压值最高且 b 相电压值最低时，晶闸管 VT_5 和 VT_6 承受正向电压，具备导通条件。$u_{g5} > 0$，$u_{g6} > 0$ 触发信号及时达到，则 VT_5 和 VT_6 导通，电路工作于图 3-46（f）所示的工作状态 6，形成电流回路（Ⅵ），输出电压 $u_d = u_{cb}$。输出波形如图 3-47 中的 6 区所示。

可见，该电路一个周期内共分为六个工作状态，每个工作状态持续 $\pi/3$ 时长，由两个晶闸管导通提供电流通路。输出电压为三相电线电压的组合波形，一个周期内六次脉动，每次脉动波形相同。每个晶闸管连续导通两个工作状态，依次按照 $VT_1 \sim VT_6$ 导通，导通时其两端电压为零，关断时其两端电压为相应的三相电线电压。

当触发延迟角 α 增大时，每个晶闸管导通时刻将后延。当 $\alpha \in [0, \pi/3]$ 时，该电路工作状态将与 $\alpha = 0$ 相同，输出电压的波形为连续的。例如，触发延迟角 $\alpha = \pi/6$ 和 $\alpha = \pi/3$ 时，电路波形如图 3-48 和图 3-49 所示。

可见，随着触发延迟角的增加，每个晶闸管都相应延迟导通一定的角度，整体波形后延。但是每个周期内，电路仍然分为六个工作状态，每个工作状态同样持续 $\pi/3$ 时长。晶闸管导通顺序和导通时长均相同。输出电压曲线也是连续不间断的，但是当 $\alpha > \pi/3$ 时，随着触发延迟角的增加，电路输出电压将不再连续，例如，触发延迟角 $\alpha = \pi/2$ 时，电路波形如图 3-50 所示。

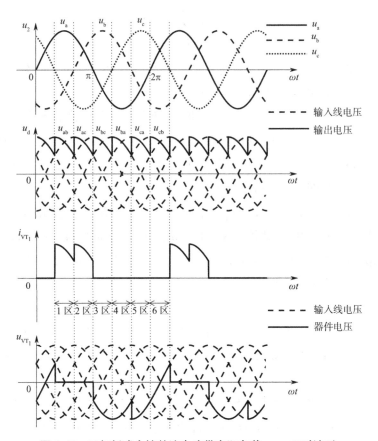

图 3-48   三相桥式全控整流电路带电阻负载 $\alpha = \pi/6$ 时波形

可见,随着对应三相电线电压变为负值,所在回路的晶闸管将因为承受负电压而强行关断,导致输出电压为零。电路工作于图 3-46(g)所示的工作状态 7,无电流回路,输出电压 $u_d = 0$。

三相桥式全控整流电路负载为电阻时,输出的电流 i_d 波形与输出电压 u_d 波形呈线性关系,形状一致。

【例 3-8】 已知某三相桥式全控整流电路,当其带电阻负载如图 3-45 所示时,其中负载电阻阻值为 R,当输入电压 $u_2 = U_2 \sin \omega t$(其中 U_2 为交流电输入变压器二次侧有效值)时,试求:

(1)触发延迟角 $\alpha < \pi/3$ 时,直流电压输出平均值 U_d 以及电流输出平均值 I_d;

(2)触发延迟角 $\alpha > \pi/3$ 时,直流电压输出平均值 U_d。

【解】 (1)$\alpha < \pi/3$ 时,由于电流连续,因此输出电压的平均值

$$U_d = \frac{3}{\pi} \int_{\frac{\pi}{3}+\alpha}^{\frac{2\pi}{3}+\alpha} \sqrt{6} U_2 \sin \omega t \mathrm{d}(\omega t) = 2.34 U_2 \cos \alpha$$

输出电流的平均值

$$I_{\mathrm{d}} = \frac{U_{\mathrm{d}}}{R}$$

（2）$\alpha > \pi/3$ 时，电流断续，因此输出电压的平均值

$$U_{\mathrm{d}} = \frac{3}{\pi} \int_{\frac{\pi}{3}+\alpha}^{\pi} \sqrt{6} U_2 \sin \omega t \mathrm{d}(\omega t) = 2.34 U_2 \left[1 + \cos\left(\frac{\pi}{3} + \alpha \right) \right]$$

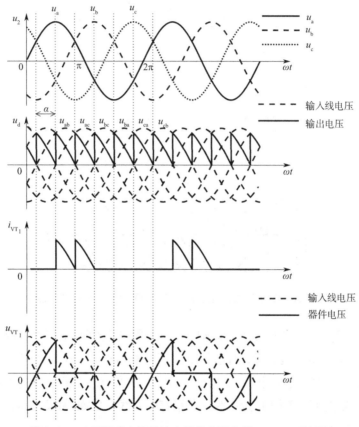

图 3-49　三相桥式全控整流电路带电阻负载 $\alpha = \pi/3$ 时波形

2. 三相桥式全控整流电路带阻感负载

三相桥式全控整流电路带阻感负载原理图如图 3-51 所示，负载部分包括电阻负载 R 及电感负载 L 串联而成的阻感负载。输出电压 u_{d} 为电阻和电感串联部分的电压。电感为电路中的储能元件，将使电路中的电流无法突变。

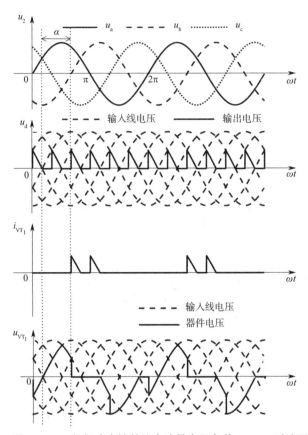

图 3-50　三相桥式全控整流电路带电阻负载 $\alpha = \pi/2$ 时波形

当 $\alpha \in [0, \pi/3]$ 时,三相半波可控整流电路在负载为电阻时,输出电压波形和电流波形为连续的,因此加入电感负载后,电路的工作过程、输出整流电压 u_d 以及晶闸管两端电压 u_{VT} 均相同,与带电阻负载时相同。输出电流 i_d 的曲线在电感负载的影响下将不会发生突变,更为平滑,当电感足够大时,近似为一条平直的直线。例如,触发延迟角 $\alpha = \pi/6$ 时,电路波形如图 3-52 所示。

当 $\alpha > \pi/3$ 时,由于电感的作用,使晶闸管在承受负向电压时不能及时关断,需要提供电感造成的续流电流通路,因此输出电压 u_d 将出现负值。随着触发延迟角的继续增加,u_d 负半周的部分所占比例将越来越大,直至其平均值为0。例如,触发延迟角 $\alpha = \pi/2$ 时,电路波形如图 3-53 所示。

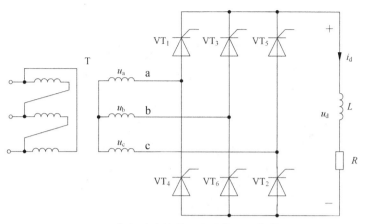

图 3-51　三相桥式全控整流电路带阻感负载原理图

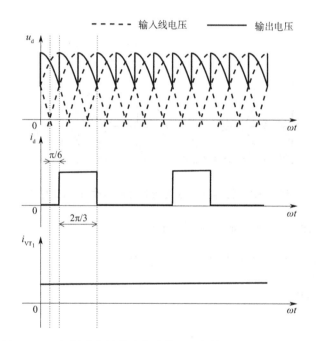

图 3-52　三相桥式全控整流电路带阻感负载 $\alpha = \pi/6$（度）时波形图

可见,三相桥式全控整流电路带阻感负载时,触发延迟角的调节范围为 $\alpha \in [0, \pi/2]$,输出电压及电流均连续,任意一个晶闸管的导通角均为 $2\pi/3$。

【例 3-9】已知某三相桥式全控整流电路,当其带阻感负载如图 3-51 所示时,其中负载电阻阻值为 R,电感 L 极大。当输入电压 $u_2 = U_2 \sin \omega t$（其中 U_2 为交流电输入变压器二次侧有效值）,触发延迟角为 α 时,试求直流电压输出平均值 U_d 以及电流输出平均值 I_d。

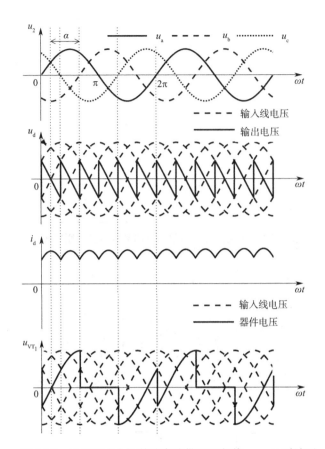

图 3-53   三相桥式全控整流电路带阻感负载 $\alpha = \pi/2$ 时波形

【解】   由于电流连续,因此输出电压的平均值

$$U_d = \frac{3}{\pi} \int_{\frac{\pi}{3}+\alpha}^{\frac{2\pi}{3}+\alpha} \sqrt{6}U_2 \sin \omega t \mathrm{d}(\omega t) = 2.34 U_2 \cos \alpha$$

输出电流的平均值

$$I_d = \frac{U_d}{R}$$

与例 3-8 题(1)结果一致。

3.3.4   电容滤波的三相桥式不可控整流电路

电容滤波的三相桥式不可控整流电路带电阻负载原理图如图 3-54 所示,包括变压器 T,六个电力二极管 $VD_1 \sim VD_6$,电阻负载 R 以及储能元器件电容 C。该电路不需要触发信号,电容并联在负载电阻两端,起到了低通滤波的作用,使直流输出更为平滑。

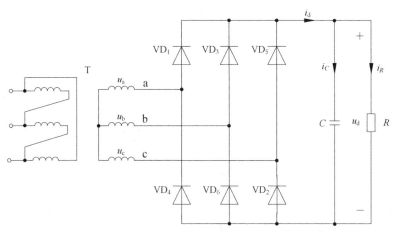

图 3-54　电容滤波的三相桥式不可控整流电路带电阻负载原理图

该电路共包含六个开关$S_1 \sim S_6$，相互配合共形成七个工作状态。其中，工作状态 1～6 与三相桥式全控整流电路在触发延迟角为零时相同，如图 3-46（a）～（f）所示，每个工作状态均有两个开关导通，形成电流回路，为负载电阻和电容供电，此时电容处于充电状态。工作状态 7 如图 3-55 所示，开关$S_1 \sim S_6$均关断，电容中储存的电能为负载电阻供电，形成电流回路（Ⅶ），此时电容处于放电状态。

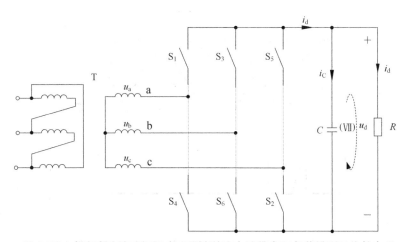

图 3-55　电容滤波的三相桥式不可控整流电路带电阻负载模型工作状态 7

假设已知输入电路的交流电压u_2为正弦形式的交流电，且周期为2π，电路波形如图 3-56 所示。电容与电阻并联，电容两端电压为输出电压u_d。电路工作于稳定状态后，具体工作动态过程如下。

（1）当交流输入电源线电压高于电容电压时，对应桥臂上的两个电力二极管导通，见表 3-1。交流电源向负载电阻供电，并向电容两端充电，使负载电压逐步提升，该过程持续时间即为导通时间，表示为导通角θ，如图 3-56 中的 1 区所示。

表 3-1   电容滤波的三相桥式不可控整流电路工作情况

工作状态	导通二极管	形成电流回路	对应工作状态图	输出电压
1	VD_1、VD_6	（Ⅰ）	图 3-46(a)	$u_a - u_b = u_{ab}$
2	VD_1、VD_2	（Ⅱ）	图 3-46(b)	$u_a - u_c = u_{ac}$
3	VD_3、VD_2	（Ⅲ）	图 3-46(c)	$u_b - u_c = u_{bc}$
4	VD_3、VD_4	（Ⅳ）	图 3-46(d)	$u_b - u_a = u_{ba}$
5	VD_5、VD_4	（Ⅴ）	图 3-46(e)	$u_c - u_a = u_{ca}$
6	VD_5、VD_6	（Ⅵ）	图 3-46(f)	$u_c - u_b = u_{cb}$

（2）当交流输入电源线电压低于电容电压时，$VD_1 \sim VD_6$ 均关断，电路工作于图 3-55 所示的工作状态 7，形成电流回路(Ⅶ)，电容向负载电阻放电，输出电压缓慢下降，如图 3-56 中的 2 区所示。

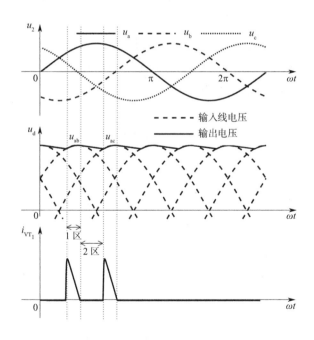

图 3-56   电容滤波的三相桥式不可控整流电路带电阻负载波形

第 4 节   接反电动势负载的整流电路

3.4.1   反电动势负载形式

当整流电路的负载带有直流电压源特性（即为电池、直流电动机等）时，将对整流电路工作和输出造成影响,称为接反电动势负载,如图 3-57 所示。

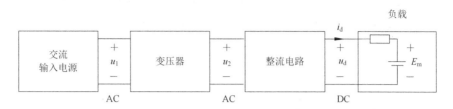

图 3-57 整流电路接反电动势负载原理图

可见,整体电路中出现了两个电源,一个是交流输入电源u_1,一个是负载端的直流电源E_m。对于负载而言,也将面对两个电源,一个是整流电路的输出直流电u_d,一个是负载端的直流电源E_m。直流电源E_m所接方向与u_d正方向相反,因此称为反电动势负载。以单相桥式整流电路为例,分析整流电路带反电动势负载后的工作情况及影响。

3.4.2 接反电动势负载的整流电路

1. 单相桥式整流电路带反电动势及电阻负载分析

单相桥式整流电路带反电动势及电阻负载原理图如图 3-58 所示,负载部分包括电阻负载R及反电动势负载E_m串联而成的带反电动势及电阻负载。输出电压u_d为电阻和反电动势串联部分的电压。

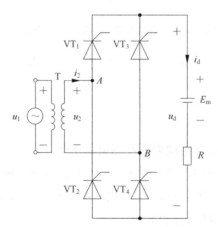

图 3-58 单相桥式整流电路带反电动势及电阻负载原理图

当忽略电路中的电感时,其输出曲线如图 3-59 所示,晶闸管的工作情况将受到来自两个电源的影响。电路工作于稳定状态后,具体工作动态过程如下。

(1)当输入电压$|u_2| > E_m$时,对应的桥臂晶闸管承受正向电压,具备导通的基本条件,当存在触发信号时,对应的晶闸管将导通,$u_d = |u_2|$,如图 3-59 中的 1 区所示。

(2)当输入电压$|u_2| < E_m$时,对应的桥臂晶闸管承受反向电压,将无法导通,触发信号

也将失去作用，$u_d = E_m$，如图 3-59 中的 2 区所示。

（3）当输入电压 $|u_2| > E_m$ 时，对应的桥臂晶闸管承受正向电压，具备导通的基本条件，在触发信号还没有到来时，晶闸管关断，$u_d = E_m$，如图 3-59 中的 3 区所示。

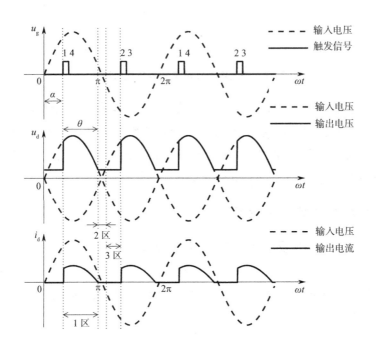

图 3-59　单相桥式整流电路带反电动势及电阻负载 $\alpha = \pi/3$ 时波形

可见，晶闸管导通后，会形成电流回路，由于反电动势的作用，使晶闸管导通时长变短，具体的输出电流

$$i_d = \frac{u_d - E_m}{R}$$

2. 单相桥式整流电路带反电动势及阻感负载分析

单相桥式整流电路带反电动势及阻感负载原理图如图 3-60 所示，负载部分包括电阻负载 R、电感负载 L 及反电动势负载 E_m 串联而成的带反电动势及阻感负载。输出电压 u_d 为电阻、电感和反电动势串联部分的电压。

在电路中的电感的作用下，电路电流无法突变，晶闸管也无法按照外接电源极性及时关断，需要提供续流回路，因此晶闸管的通断工作情况将不受反电动势的影响，与仅有阻感负载时工作情况相同，其输出曲线如图 3-61 所示，电流也是不间断连续的形式。

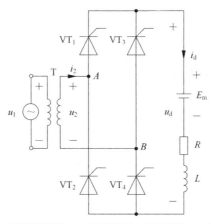

图 3-60 单相桥式整流电路带反电动势及阻感负载原理图

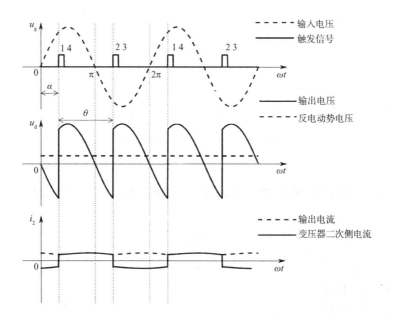

图 3-61 单相桥式整流电路带反电动势及阻感负载 $\alpha = 5\pi/18$ 时波形图

【**例 3-10**】 已知某单相桥式全控整流电路如图 3-60 所示,其中负载电阻 $R = 10\ \Omega$、电感 L 极大,反电动势 $E_m = 30\ V$。当输入电压 $u_2 = U_2\sin \omega t$(其中 $U_2 = 100\ V$ 为交流电输入变压器二次侧有效值),触发延迟角 $\alpha = 0$ 时,试求:

(1)绘制输出电压 u_d、输出电流 i_d、变压器二次侧电流 i_2 的波形;

(2)整流输出平均电压 U_d,电流输出平均值 I_d,变压器二次侧电流有效值 I_2;

(3)考虑安全裕量,确定晶闸管的额定电压 $U_{N,VT}$ 和额定电流 $I_{N,VT}$。

【**解**】 (1)波形图如图 3-62 所示。

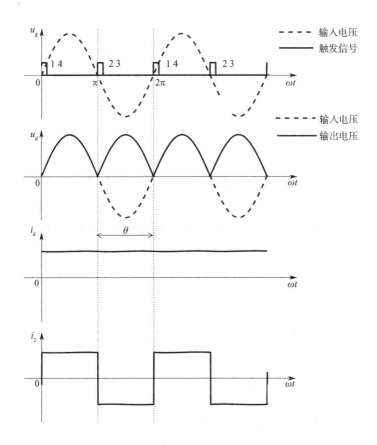

图 3-62 单相桥式整流电路带反电动势及阻感负载 $\alpha = 0$ 时波形

（2）输出电压的平均值

$$U_{d} = \frac{2}{2\pi}\int_{\alpha}^{\pi}\sqrt{2}U_{2}\sin\omega t\,\mathrm{d}(\omega t) = \frac{2\sqrt{2}U_{2}}{\pi}(1+\cos\alpha) = 0.9U_{2} = 90\text{ V}$$

输出电流的平均值

$$I_{d} = \frac{U_{d} - E}{R} = 6\text{ A}$$

（3）晶闸管所需承受的断态重复峰值电压

$$U_{\mathrm{DRM}} = \sqrt{2}U_{2} = 141.4\text{ V}$$

考虑安全裕量，需增加 2 至 3 倍选取额定电压以保证工作的可靠性与安全性，因此额定电压 $U_{\mathrm{N,VT}} = (2\sim 3)\sqrt{2}U_{2} = 283\sim 424\text{ V}$。

流过晶闸管的 $\mathrm{VT_{1}}$ 电流有效值

$$I_{\mathrm{VT}} = \frac{I_{d}}{\sqrt{2}} = 4.24\text{ A}$$

考虑安全裕量，则该晶闸管的额定电流

$$I_{\text{N,VT}} \approx (1.5\text{~}2) \times \frac{I_{\text{VT}}}{1.57} = 4.1\text{~}5.4 \text{ A}$$

第 5 节　整流电路仿真

3.5.1　仿真环境搭建

使用 Matlab 进行整流电路仿真,采用 Simulink 环境进行电路模型搭建。仿真程序将包括能量流通路和信息流通路,同时支持电路中相关参数的设置与仿真数据的记录与输出。整体电路在时域进行仿真分析,仿真环境如图 3-63 所示。

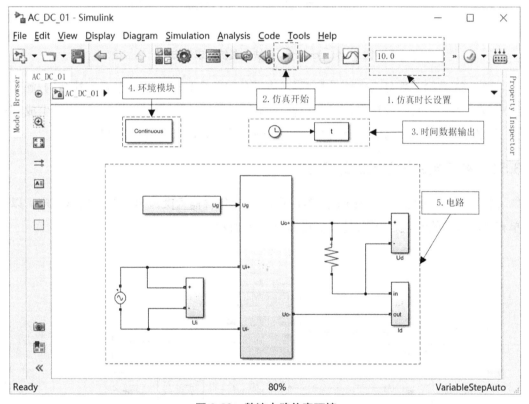

图 3-63　整流电路仿真环境

图 3-63 中第 1 部分为仿真时长设置,从 $t=0$ 开始,单位为 s。该参数将影响电力电子电路运行的总时长,数据输出时长也将以该参数为准。

图 3-63 中第 2 部分为仿真开始设置按钮。

图 3-63 中第 3 部分为仿真时间数据输出,输出位置为 matlab 的系统工作空间,数据类型为默认的 double 型,变量名为 t,形式为 $1 \times n$ 的数组,n 为采样点个数。

图 3-63 中第 4 部分为电气专用电力系统模型的环境模块 "powergui",在 Simulink 中

的"Simscape/Electrical/Specialized Power Systems/Fundamental Blocks"路径下。当仿真模型需要 Simscape Electrical 的 Simulink 模型中的专用电力系统模块时,需要在仿真程序中放置该模块。该模块中存储着搭建的电路求解所需的状态空间方程。同时允许选择三种微分方程的求解方式:Continuous(连续形式的变步长仿真求解)、Discrete(离散形式的固定步长仿真求解)、Phasor(向量解),如图 3-64 所示。

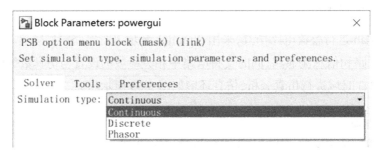

图 3-64   powergui 模块设置仿真求解方式

图 3-63 中第 5 部分为电路结构部分,该部分将包含具体的整流电路拓扑结构,涵盖组成该电路所需的电源输入部分、负载输出部分、电力电子器件部分、控制信号生成部分、数据传递记录部分等,并将包含整流电路的能量流通路以及信息流通路。

3.5.2   整流电路能量流通路搭建

整流电路中的能量流通路如图 3-1 所示,需要包含输入交流电源和输出直流电。以单相半波可控整流电路为例,仿真电路如图 3-65 所示。

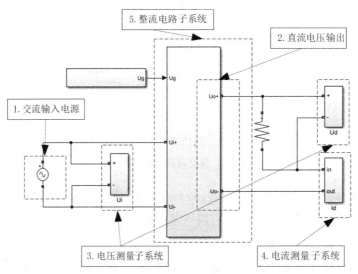

图 3-65   单相半波可控整流电路仿真电路

图 3-65 中第 1 部分为交流输入电源,仿真程序中省略变压器,直接选用正弦形式的

交流电。交流电源参数的设置界面如图 3-66 所示,在该界面中可以设置正弦形式交流电源的最大电压幅值 Peak amplitude、频率 Frequency、采样时间 Sample time 等参数。

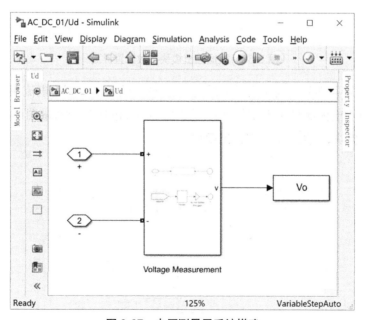

图 3-66　交流电源参数设置界面

图 3-65 中第 2 部分为直流电压输出,连接负载即可得到整流结果。

图 3-65 中第 3 部分为电压测量子系统,包括两个输入端分别为电压测量正端口和电压测量负端口。电压测量子系统搭建如图 3-67 所示,包括两个测量端口,一个 "Voltage Measurement" 模块,以及一个数据输出模块。

图 3-67　电压测量子系统搭建

其中 "Voltage Measurement" 模块为 Simulink 中的功能模块,路径为 "Simscape/

Electrical/Specialized Power Systems/Fundamental Blocks/Measurements"。该模块,即电压测量模块,功能为测量两个电节点之间的瞬时电压。数据输出模块负责将测量的电压输出到 matlab 的系统工作空间,数据类型为默认的 double 型,可以双击该模块设置变量名,形式为 $1 \times n$ 的数组,n 为采样点个数。

数据输出模块为 Simulink 中的功能模块 "to workspace",双击该模块,将展示数据输出模块参数设置界面,如图 3-68 所示。可设置变量名(Variable name)和存储形式(Save format)。

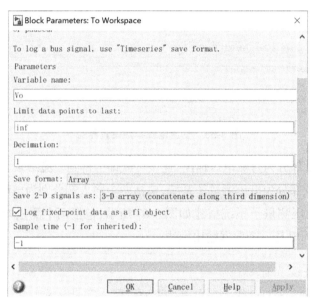

图 3-68　数据输出模块参数设置界面

图 3-65 中第 4 部分为电流测量子系统,包括两个输入端分别为电流测量正端口和电流测量负端口。电流测量子系统搭建如图 3-69 所示,包括两个测量端口,一个 "Current Measurement" 模块,以及一个数据输出模块。

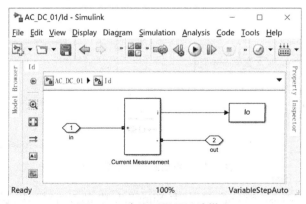

图 3-69　电流测量子系统搭建

其中"Current Measurement"模块为 Simulink 中的功能模块,路径与 Voltage Measurement 模块相同,为电流测量模块,功能为测量任意电路中的瞬时电流。

图 3-65 中第 5 部分为整流电路子系统,功能为将交流电处理为直流电。具体程序如图 3-70 所示,包括电流通路、通路上的半控型电力电子器件晶闸管以及测量晶闸管两端电压的电压测量子系统。

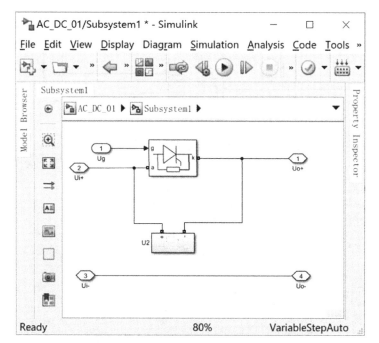

图 3-70　单相半波可控整流子系统搭建

3.5.3　整流电路信息流通路搭建

整流电路中的信息流通路主要是提供晶闸管的控制信号,如图 3-71 所示,将生成的控制信号直接输入整流子系统中。

控制信号生成子系统程序如图 3-72(a)所示,包括一个与晶闸管对应的脉冲发生器模块和数据输出模块。

脉冲发生器模块"Pulse Generator"为 Simulink 中的功能模块,路径为"Simulink/Sources"。功能为生成矩形形状的脉冲波,可以进行参数设置,包括幅值、周期、脉冲宽度、延迟等,如图 3-72(b)所示。

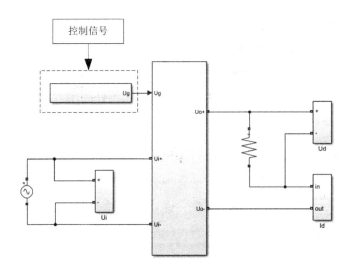

图 3-71　单相半波可控整流电路信息流通路

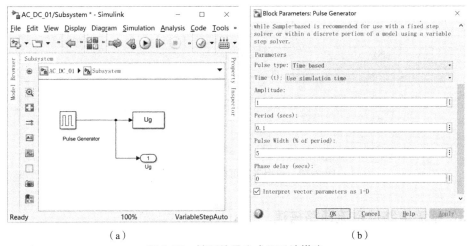

　　　　　（a）　　　　　　　　　　　　　　　　　　（b）

图 3-72　控制信号生成子系统搭建

（a）子系统程序　（b）脉冲发生器模块参数设置

3.5.4　仿真数据

　　以单相半波整流电路为例,选取电路参数,包括输入电源、负载、电力电子器件、控制信号等,见表 3-2。在该仿真程序中,能量流与信息流将同时存在于统一的仿真程序中,忽略电力电子器件的驱动问题,直接使用信号产生环节控制电力电子器件的通断,使仿真程序的搭建较为方便。

表 3-2　单相半波整流电路仿真程序参数

序号	电路功能模块	程序对应模块名	参数名	取值
1	交流输入电源	AC Voltage Source	Peak amplitude（V）	100
2	交流输入电源	AC Voltage Source	Frequency（Hz）	10
3	电阻负载	Parallel RLC Branch	Resistance R（Ohms）	2
4	晶闸管	Detailed Thyristor	Resistance Ron（Ohms）	0.001
5	晶闸管	Detailed Thyristor	Forward voltage Vf（V）	0
6	控制信号	Pulse Generator	Amplitude	1
7	控制信号	Pulse Generator	Period（secs）	0.1
8	控制信号	Pulse Generator	Pulse Width（% of period）	5
9	控制信号	Pulse Generator	Phase delay（secs）	0.015

　　运行仿真程序后，电路的输出数据将以矩阵的形式存储于内存空间中，使用图形化形式即可展示，以时间为横轴，相关电路参数为纵轴，即可得到仿真结果，如图 3-73 所示。可绘制整流输出电压曲线、电流曲线、触发信号数据以及器件电压等电路中关心的电量，其中电压单位为 V，电流单位为 A。

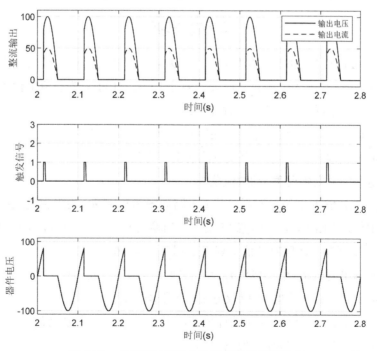

图 3-73　单相半波整流电路仿真数据整流输出

本 章 小 结

本章主要介绍了电力电子核心电能转化技术之一的整流技术,将交流电转化为可调的直流电。使用的核心电力电子器件为不可控器件电力二极管及半控型器件晶闸管,其中使用二极管作为电子开关的整流电路可以理解为触发延迟角为零的晶闸管工作情况。

整流电路中同时运行着能量流通路和信息流通路,从能量流和信息流流通的角度,详细介绍了多种整流电路的拓扑结构和工作原理,并从输出图形定性分析以及输出电量定量计算的角度,详细阐述了电路的工作特点。按输入电源类型分类,涵盖了单相整流电路、三相整流电路;换负载形式分类,涵盖了电阻负载、阻感负载和反电动势负载;按整流电路拓扑结构功能特点分类,涵盖了半波可控、桥式全控、桥式半控、电容滤波等。电路以电路结构特点及功能特点命名,其中电力电子器件的通断将受到外界控制信号和电网电压的共同影响。分析整流电路工作原理时,统一采用分段式分析法,将开关视为理想开关,单一开关或组合开关的某一通断状态对应一个电路工作状态,形成一段输出曲线。

整流电路打通了交流电网与直流用电单元的"最后一公里"送电问题,在电力电子器件的控制作用下,做到了电能输送的同时实现个性化定制,实现了交流电转化为可调直流电的功能,支撑着智能家居、智能制造、智能出行等领域的快速发展。

思考题与习题

1. 单相半波可控整流电路如图 3-8 所示,为电阻负载提供整流后的直流电。其中负载电阻 $R = 100\ \Omega$。当输入电压 $u_2 = U_2 \sin \omega t$(其中 $U_2 = 100$ V 为交流电输入变压器二次侧有效值),触发延迟角 $\alpha = 0$ 及 π/3 时,试求:

(1)绘制输出电压 u_d、输出电流 i_d、晶闸管两端电压 u_{VT} 波形;

(2)直流电压输出平均值 U_d 以及电流输出平均值 I_d;

(3)该电路的触发延迟角 α 的取值范围。

2. 带续流二极管的单相半波可控整流电路如图 3-13 所示,为阻感负载提供整流后的直流电。其中负载电阻 $R = 10\ \Omega$,电感 L 极大。当输入电压 $u_2 = U_2 \sin \omega t$(其中 $U_2 = 100$ V 为交流电输入变压器二次侧有效值),触发延迟角 $\alpha = \pi/6$ 时,试求:

(1)绘制输出电压 u_d、输出电流 i_d、晶闸管两端电压 u_{VT} 波形;

(2)直流电压输出平均值 U_d 以及电流输出平均值 I_d;

(3)考虑安全裕量,试确定该晶闸管的额定电压 $U_{N,VT}$、额定电流 $I_{N,VT}$;

(4)该电路的触发延迟角 α 的取值范围。

3. 单相桥式全控整流电路如图 3-60 所示,为阻感串接反电动势负载提供整流后的直流电。其中负载电阻 $R = 10\ \Omega$,电感 L 极大,反电动势 $E_m = 15$ V。当输入电压 $u_2 = U_2 \sin \omega t$(其中 $U_2 = 100$ V 为交流电输入变压器二次侧有效值),触发延迟角 $\alpha = \pi/4$

时,试求:

(1)绘制输出电压 u_d、输出电流 i_d、变压器二次侧电流 i_2 的波形;

(2)整流输出平均电压 U_d,电流输出平均值 I_d;

(3)该电路的触发延迟角 α 的取值范围。

4. 三相半波可控整流电路,当输入电压 $u_2 = U_2 \sin \omega t$(其中 $U_2 = 100$ V 为交流电输入变压器二次侧有效值),触发延迟角 $\alpha = \pi/3$ 时,试求:

(1)接电阻负载时,负载电阻阻值为 R,绘制输出电压 u_d、a 相晶闸管两端电压 u_{VT_1} 和流经该晶闸管的电流 i_{VT_1};求取直流电压输出平均值 U_d 以及电流输出平均值 I_d;该电路的触发延迟角 α 的取值范围。

(2)接阻感负载时,负载电阻阻值为 R,电感 L 极大。绘制输出电压 u_d、a 相晶闸管两端电压 u_{VT_1} 和流经该晶闸管的电流 i_{VT_1};求取直流电压输出平均值 U_d 以及电流输出平均值 I_d;该电路的触发延迟角 α 的取值范围。

(3)接电阻负载时,并增设电容滤波环节,绘制输出电压 u_d。

5. 描述三相桥式全控整流电路与三相半波可控整流电路在电力电子器件使用数量、电路工作过程、电压输出平均值 U_d、触发延迟角 α 的取值范围等方面的不同。

素质拓展题

使用仿真软件模拟三相半波可控整流电路的运行,尝试并讨论在 a 相触发信号丢失后,该整流电路的输出电压 u_d 将会发生什么变化。

第4章 直流-直流变换技术

第1节 直流-直流变换技术概述

4.1.1 实现直流-直流变换的直流斩波电路

直流电转换为直流电的技术,与整流技术同是电力电子技术四种电能变换技术之一,属于图 1-6 所示树形知识结构的第二个主干分支,又称为 DC-DC 变换技术,或斩波技术。斩波技术不改变电能的形式,主要起到调节输出直流电电压的作用,可以实现直流电转换为直流电的电力电子电路称为直流斩波电路(DC Chopper)。

1. 机器人中的直流斩波技术

随着自动控制技术以及人工智能技术的发展,智能机器人的应用越来越广泛,如家用机器人、工业用机器人等。大部分机器人的动力系统来自直流电,通过驱动电动机使机器人精准地完成既定任务。单一幅值的直流电需要通过电力电子技术处理为可调电压的直流电,进而驱动机器人完成复杂的运动任务。

2. 清洁能源中的直流斩波技术

为了实现节能减排,清洁能源得到了更快的发展和应用,光伏发电即为典型的清洁能源。而光伏发电提供的直流电,需要经过直流斩波技术调节为用户所需的电能接到负载。例如全球首个"智慧零碳"码头,于 2021 年在天津港投产运营。在清洁能源和现代电力电子技术的助力下,实现了设施设备采用电力驱动,绿电供能 100% 自给自足,全部采用环保材料、节能设备、节能工艺,率先实现码头全年生产消耗"碳中和",较传统自动化集装箱码头能耗降低 17% 以上。

4.1.2 直流斩波电路中的能量流传递通路

直流-直流变换电路的功能是将输入的直流电转换为电压可调的直流电能供给负载使用。直流斩波电路作为传递电能的专用设备,为供电方和用电方的连接桥梁,使用电端得到满意的定制化电能,如图 4-1 所示。

直流斩波电路的电能输入端为直流电,通常用 E 表示,将通过带有电子开关的直流斩波电路,经过开关的剪裁后,形成满足负载需求的输出直流电 u_d,电子开关通常称为S。流经负载的电流称为 i_d,负载的形式包括电阻负载、电感负载及反电动势负载。

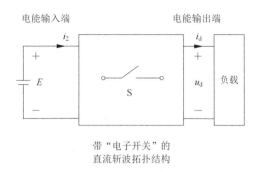

图 4-1　斩波电路中的能量流传递通路示意图

4.1.3　直流斩波电路中的信息流传递通路

直流斩波电路之所以能够将固定幅值的直流电转化为幅值可调的直流电,主要是依靠电子开关的通断实现的。电力电子开关的通断,将接收来自控制电路的控制信号,如图 4-2 所示。控制信号通过信息流传递通路接到可控电子开关的控制端,电力电子开关视为理想开关,采用电力电子器件。电力电子器件的动态工作过程以及驱动等问题,将在第 8 章讨论。

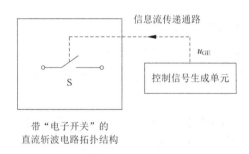

图 4-2　斩波电路中的信息流传递通路示意图

第 2 节　降压斩波电路

4.2.1　降压斩波电路带电阻负载

降压斩波电路(Buck chopper)带电阻负载原理图如图 4-3 所示,包括输入电压 E、双极型绝缘栅晶体管(IGBT)即全控型器件 V、电阻负载 R。其中全控型器件 V 为降压直流斩波电路的核心电力电子器件,其集电极和发射极分别接在输入电源的高、低电位,当控制端栅极至发射极之间的电压 $u_{GE} > 0$ 时导通。流过电阻的电流称为负载电流 i_d,电阻两端的电压称为负载电压 u_d。

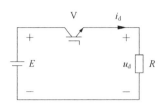

图 4-3   降压斩波电路带电阻负载原理图

由于电路中存在一个非线性元器件"双极型绝缘栅晶体管 IGBT",因此采用"模型简化法"对该非线性电路进行分析,将 IGBT 视为理想开关,依据开关的导通和关断条件分析电路的工作过程,降压斩波电路有两个工作状态,如图 4-4 所示。

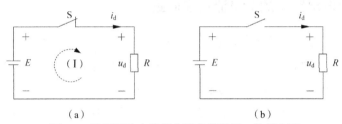

图 4-4   降压斩波电路带电阻负载模型工作状态图
（a）工作状态 1:开关导通   （b）工作状态 2:开关断开

假设已知输入电路的直流电幅值为固定取值 E,降压斩波电路的工作过程如下。

（1）当 $u_{GE} > 0$ 时,开关 IGBT 导通,电路工作于工作状态 1,形成电流回路（Ⅰ）,如图 4-4（a）所示,相当于电路连通,输出电压与输入电压相等,即 $u_d = E$,电路输出波形如图 4-5 中的 1 区所示。

（2）当 $u_{GE} = 0$ 时,开关 IGBT 关断,电路工作于工作状态 2,无电流回路,如图 4-4（b）所示,输出电压 $u_d = 0$,电路输出波形如图 4-5 中的 2 区所示。

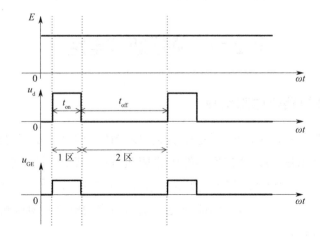

图 4-5   降压斩波电路带电阻负载波形

可见,降压斩波电路输出电压波形完全由开关导通信号控制,导通时长为 t_{on} ,关断时长为 t_{off} ,周期为 $T = t_{on} + t_{off}$ 。经过电子开关的剪裁,输出电压 u_d 由输入电压 E 的片段组成。其平均值

$$u_d = \frac{t_{on}}{t_{on} + t_{off}} E = \alpha_D E$$

系数 α_D 称为占空比。由于占空比为小于 1 的数,因此 $u_d < E$ 。通过调节控制信号 u_{GE} 可以达到控制输出电压幅值的效果,如保持周期 T 不变调节导通时长 t_{on} (脉冲宽度调节);保持导通时长 t_{on} 不变调节周期 T (频率调节),同时调节导通时长 t_{on} 和周期 T 使得占空比改变(混合型)调节。此外,电路中的负载电流曲线将与负载电压曲线呈线性关系,波形形状相似。

4.2.2　降压斩波电路带阻感负载

降压斩波电路带阻感负载原理图如图 4-6 所示,包括输入电压 E、全控型器件 V、续流二极管 VD。负载部分包括电阻负载 R 和电感负载 L 串联而成的阻感负载。其中全控型器件 V 将接收控制信号 u_{GE} ,续流二极管阴极与阳极反向接在负载两端,与电阻和电感负载并联。流过电阻的电流称为负载电流 i_d ,电阻与电感两端的电压称为负载电压 u_d 。

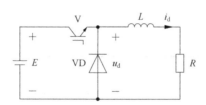

图 4-6　降压斩波电路带阻感负载原理图

在全控型器件 V 和续流二极管 VD 的作用下,电路将有两个开关 S_1、S_2 与之对应,其开关状态的组合将形成以下三个电路工作状态,如图 4-7 所示。

由于电路中存在电感负载,使电路中的电流无法突变,电感将经历充电与放电的过程,全控型器件 V 导通时电感将充电,关断时电感将放电。充放电时长不同,电路的工作状态也将出现差异。假设已知输入电路的直流电幅值为固定取值 E,全控型器件 V 的控制信号通断时长满足 $t_{on} > t_{off}$,即充电时长大于放电时长,且电感取值足够大时,降压斩波电路的工作过程如下。

（1）当 $u_{GE} > 0$ 时,开关 IGBT 导通,电路工作于工作状态 1,形成电流回路（Ⅰ）,如图 4-7（a）所示,此时续流二极管承受来自输入直流电源的反向电压而关断,电感充电,电路中电流 i_d 缓慢上升,输出电压与输入电压相等,即 $u_d = E$,电路输出波形如图 4-8 中的 1 区所示。

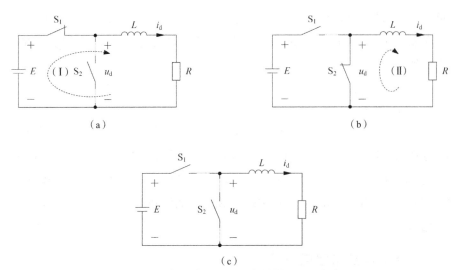

图 4-7　降压斩波电路带阻感负载模型工作状态图

（a）工作状态 1：开关 S_1 导通　（b）工作状态 2：开关 S_2 导通　（c）工作状态 3：开关 S_1、S_2 均断开

（2）当 $u_{GE} = 0$ 时，开关 IGBT 关断，续流二极管承受来自电感的正向电压而导通，此时电路工作于工作状态 2，形成续流回路（Ⅱ），电感放电，电路中电流 i_d 缓慢下降，输出电压 $u_d = 0$，电路输出波形如图 4-8 中的 2 区所示。

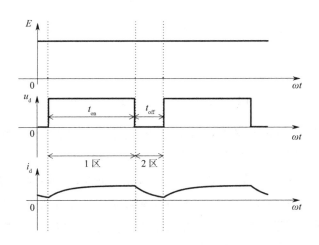

图 4-8　降压斩波电路带阻感负载电流连续时波形

可见，负载中持续有电流流过，电流上升的时长比电流下降的时长长，电感取值足够大时，电流还没有下降到零 IGBT 即会迎来新的导通信号，使电流继续上升。

当负载电感较小，且 $t_{on} < t_{off}$，即电感充电时长小于放电时长时，降压斩波电路的输出波形如图 4-9 所示。

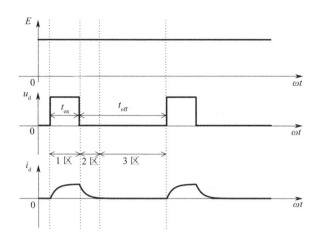

图 4-9　降压斩波电路带阻感负载电流断续时波形

可见,负载电流存在为零的时间,电流上升的时长比电流下降的时长短,电感取值不够大,电感中电流放电完毕后,IGBT 还没有迎来导通信号,电路中将没有电流。电路工作于状态 3,如图 4-7(c)所示。此时输出电压与电流均为零,电路输出波形如图 4-9 中的3 区所示。

4.2.3　降压斩波电路带阻感负载及反电动势负载

降压斩波电路带阻感负载及反电动势负载原理图如图 4-10 所示,包括输入电压E、全控型器件V、续流二极管VD。负载部分包括电阻负载R和电感负载L以及反电动势负载E_m串联而成的部分。

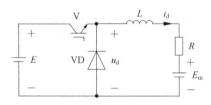

图 4-10　降压斩波电路带阻感负载及反电动势负载原理图

反电动势的存在将影响电路中的负载电流取值,也会影响在续流二极管关断时的输出电压 u_d,如图 4-11(a)所示。

可见, IGBT 和续流二极管同时关断时,输出电压在反电动势的影响下取值为$u_d = E_m$,如图 4-11(a)中的 3 区所示。

当降压斩波电路带阻感负载及反电动势负载中电感足够大时,电路输出电流将连续,如图 4-11(b)所示。

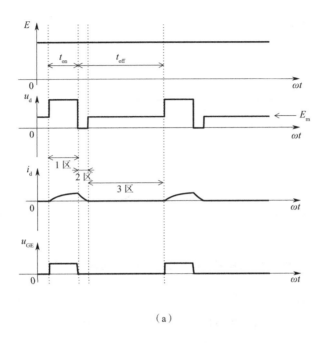

（a）

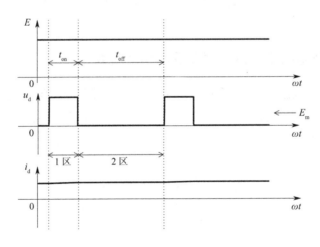

（b）

图 4-11 降压斩波电路带阻感负载及反电动势负载波形图
（a）电流断续 （b）电流连续

【**例 4-1**】 已知某降压斩波电路,当其带阻感负载及反电动势负载如图 4-10 所示时,其中负载电阻 $R = 10\,\Omega$,反电动势 $E_m = 30\,V$,电感 L 极大。当输入电压 $E = 200\,V$, $t_{on} = 20\,\mu s$, $t_{off} = 30\,\mu s$ 时,试求直流电压输出平均值 U_d 以及电流输出平均值 I_d 。

【**解**】 由于电感值极大,故负载电流连续,因此输出电压的平均值

$$U_d = \frac{t_{on}}{t_{on} + t_{off}} E = \frac{20}{20 + 30} \times 200 = 80\,V$$

输出电流的平均值

$$I_d = \frac{U_d - E_m}{R} = \frac{80 - 30}{10} = 5 \text{ A}$$

第 3 节 升压斩波电路

升压斩波电路（Boost Chopper）带电阻负载原理图如图 4-12 所示,包括输入电压 E、储能元器件电感 L 和电容 C、双极型绝缘栅晶体管 IGBT 即全控型器件 V、不可控器件二极管 VD 和电阻负载 R。其中全控型器件 V 为升压直流斩波电路的核心电力电子器件,其集电极和发射极分别接在输入电源的高、低电位,当控制端栅极与发射极之间的电压 $u_{GE} > 0$ 时导通。二极管阳极与 IGBT 的集电极相接,配合控制电路中的电流流向。流过电阻的电流称为负载电流 i_d,电阻两端的电压称为负载电压 u_d,流过电感的电流称为 i_1,流过二极管的电流称为 i_{VD}。

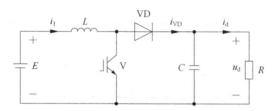

图 4-12 升压斩波电路带电阻负载原理图

在全控型器件 V 和二极管 VD 的作用下,电路将有两个开关 S_1、S_2 与之对应,其开关状态的组合将形成以下两个电路工作状态,如图 4-13 所示。

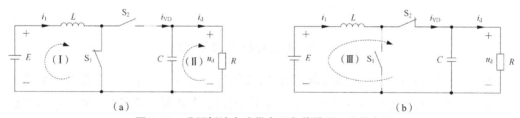

（a）   （b）
图 4-13 升压斩波电路带电阻负载模型工作状态图
（a）工作状态 1: S_1 开关导通 （b）工作状态 2: S_2 开关导通

假设已知输入电路的直流电幅值为固定取值 E,升压斩波电路的工作过程如下。

（1）当 $u_{GE} > 0$ 时,开关 IGBT 导通,电路工作于工作状态 1,形成直流电源向电感充电的电流回路（Ⅰ）,以及电容向电阻放电的电流回路（Ⅱ）,如图 4-13（a）所示。此时二极管承受反向电压关断,$i_{VD} = 0$,输出电压与电容两端电压相同,随着电容放电而逐渐下降。当电容取值较大时,输出电压和输出电流变化均不明显,近似为一条直线。同时,由于电感处于充电状态,因此 i_1 在此阶段逐步上升。如图 4-14 中的 1 区所示,该工作状态持续时

长为 t_{on}。

（2）当 $u_{GE} = 0$ 时，开关 IGBT 关断，电路工作于工作状态 2，形成直流电源和电感共同通过二极管向电容和电阻并联的环节输送电能的电流回路（Ⅲ），如图 4-13（b）所示。此时二极管承受正向电压导通，其流过的电流 $i_{VD} = i_1$。由于电感在放电，因此电流 i_1 在该时段降低。输出电压与电容两端电压相同，随着电容充电逐步上升。当电容取值较大时，输出电压和输出电流变化均不明显，近似为一条直线。如图 4-14 中的 2 区所示，该工作状态持续时长为 t_{off}。

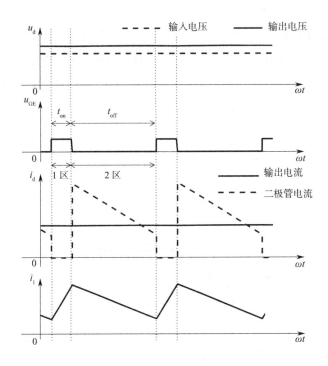

图 4-14   升压斩波电路带电阻负载波形

可见，电路输出的电压比输入电压高，因此称为升压斩波电路。电压提升主要是由于电路中存在的储能元件电感起到了电压泵升的作用，其次是由于负载两端的电容起到了固定输出电压的作用。在电路的全周期 T 工作过程中，当电路工作状态趋于稳定后，电感储存的能量和释放的能量相等，假设电感足够大，流过电流恒定为 I_1，电容足够大，两端电压恒定为 U_d，则有

$$EI_1 t_{on} = (U_d - E) I_1 t_{off}$$

整理后有

$$U_d = \frac{t_{on} + t_{off}}{t_{off}} E = \frac{T}{t_{off}} E$$

【例 4-2】 已知某升压斩波电路,当其带电阻负载如图 4-12 时,其中负载电阻 $R = 10\,\Omega$,储能元件电感 L 和电容 C 均极大。当输入电压 $E = 20\mathrm{V}$, $t_{\mathrm{on}} = 20\,\mu\mathrm{s}$, $t_{\mathrm{off}} = 30\,\mu\mathrm{s}$ 时,试求直流电压输出平均值 U_{d} 以及电流输出平均值 I_{d} 。

【解】 直流电压输出平均值 U_{d} 为

$$U_{\mathrm{d}} = \frac{t_{\mathrm{on}} + t_{\mathrm{off}}}{t_{\mathrm{off}}} E = \frac{T}{t_{\mathrm{off}}} E = \frac{20 + 30}{30} \times 20 = 33.3\ \mathrm{V}$$

电流输出平均值 I_{d} 为

$$I_{\mathrm{d}} = \frac{U_{\mathrm{d}}}{R} = \frac{33.3}{10} = 3.3\ \Omega$$

第 4 节   升降压斩波电路

4.4.1   升降压斩波电路带电阻负载

升降压斩波电路(Buck-Boost Chopper)带电阻负载原理图如图 4-15 所示,包括输入电压 E 、储能元器件电感 L 和电容 C 、双极型绝缘栅晶体管 IGBT 即全控型器件 V、不可控器件二极管 VD 和电阻负载 R 。其中全控型器件 V 为升降压直流斩波电路的核心电力电子器件,其集电极直接接在输入电源的高电位,当控制端栅极至发射极之间的电压 $u_{\mathrm{GE}} > 0$ 时导通。二极管阴极与 IGBT 的发射极相接,配合控制电路中的电流流向。流过电阻的电流称为负载电流 i_{d} ,电阻两端的电压称为负载电压 u_{d} ,流过输入电源的电流称为 i_{1} ,流过二极管的电流称为 i_{VD} ,流过电感的电流称为 i_{L} 。

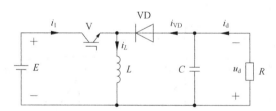

图 4-15   升降压斩波电路带电阻负载原理图

在全控型器件 V 和二极管 VD 的作用下,电路将有两个开关 S_{1} 、 S_{2} 与之对应,其开关状态的组合将形成以下两个电路工作状态,如图 4-16 所示。

假设已知输入电路的直流电幅值为固定取值 E ,升降压斩波电路的工作过程如下。

(1)当 $u_{\mathrm{GE}} > 0$ 时,开关 IGBT 导通,电路工作于工作状态 1,形成直流电源向电感充电的电流回路(Ⅰ),以及电容向电阻放电的电流回路(Ⅱ),如图 4-16(a)所示。此时二极管承受反向电压关断, $i_{\mathrm{VD}} = 0$,输出电压与电容两端电压相同,上负下正,随着电容放电逐渐下降。当电容取值较大时,输出电压和输出电流变化均不明显,近似为一条直线。同时,由于电感处于充电状态,因此i_l在此阶段逐步上升。如图 4-17 中的 1 区所示,该工作状态持续时长为t_{on}。

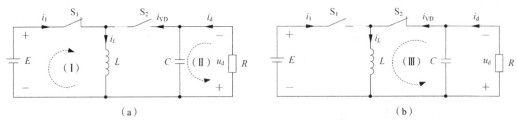

图 4-16　升降压斩波电路模型工作状态图

（a）工作状态 1: S_1 开关导通　（b）工作状态 2: S_2 开关导通

（2）当$u_{GE}=0$时,开关 IGBT 关断,电路工作于工作状态 2,直流电源被切断,其流过的电流$i_1=0$。电感通过放电为电容和负载供电,形成电流回路（Ⅲ）,如图 4-16（b）所示。此时二极管承受正向电压导通,其流过的电流$i_{VD}=i_L$。由于电感在放电,因此电流i_{VD}在该时段降低。输出电压与电容两端电压相同,随着电容充电逐步上升。当电容取值较大时,输出电压和输出电流变化均不明显,近似为一条直线。如图 4-17 中的 2 区所示,该工作状态持续时长为t_{off}。

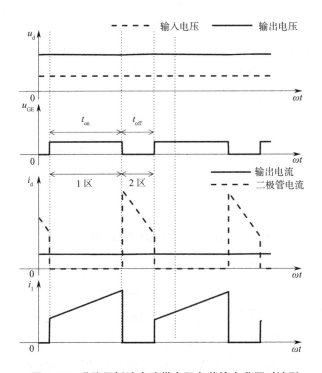

图 4-17　升降压斩波电路带电阻负载输出升压时波形

可见,此时该电路输出电压高于输入电压。在电路的全周期T工作过程中,在电路工

作状态趋于稳定后,电感两端电压u_L对时间的积分为零,即

$$\int_0^T u_L \mathrm{d}t = 0$$

当 IGBT 处于导通时,$u_L = E$;当 IGBT 处于关断时,$u_L = -u_\mathrm{d}$。电容足够大,其两端电压恒定为 U_d。因此,有

$$E t_\mathrm{on} = U_\mathrm{d} t_\mathrm{off}$$

整理后有

$$U_\mathrm{d} = \frac{t_\mathrm{on}}{t_\mathrm{off}} E$$

可见,输出电压较输入电压升高还是降低取决于 IGBT 导通时长和关断时长比值的大小,当 $t_\mathrm{on} < t_\mathrm{off}$ 时为降压,当 $t_\mathrm{on} > t_\mathrm{off}$ 时为升压,因此电路称为升降压斩波电路。其降压时的输出波形如图 4-18 所示。

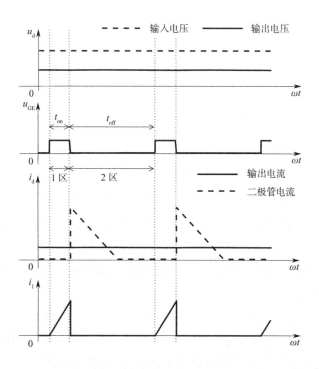

图 4-18　升降压斩波电路带电阻负载输出降压时波形

4.4.2　Cuk 斩波电路带电阻负载

Cuk 斩波电路带电阻负载原理图如图 4-19 所示,包括输入电压E、储能元器件电感L_1、L_2和电容C、双极型绝缘栅晶体管 IGBT 即全控型器件V、不可控器件二极管VD和电阻负载R。其中全控型器件V为 Cuk 斩波电路的核心电力电子器件,其集电极和发射极分别接

在输入电源的高、低电位,当控制端栅极至发射极之间的电压$u_{GE} > 0$时导通。二极管阴极与IGBT的发射极相接,阳极接电容和电感L_2,配合控制电路中的电流流向。流过电阻的电流称为负载电流i_d,电阻两端的电压称为负载电压u_d,流过输入电源的电流称为i_1,流过二极管的电流称为i_{VD},流过电容的电流称为i_C。

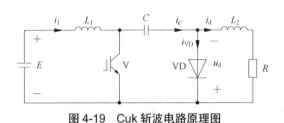

图 4-19　Cuk 斩波电路原理图

在全控型器件V和二极管VD的作用下,电路将有两个开关S_1、S_2与之对应,其开关状态的组合将形成以下两个电路工作状态,如图 4-20 所示。

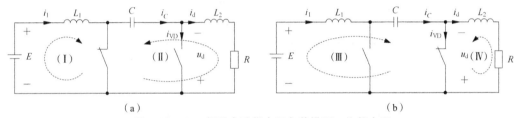

图 4-20　Cuk 斩波电路带电阻负载模型工作状态图
（a）工作状态 1:开关 S_1 导通　（b）工作状态 2:开关 S_2 导通

假设已知输入电路的直流电幅值为固定取值E,Cuk 斩波电路的工作过程如下。

（1）当$u_{GE} > 0$时,开关 IGBT 导通,电路工作于工作状态 1,形成直流电源向电感L_1充电的电流回路（Ⅰ）,以及流经电容C、电感L_2以及电阻的电流回路（Ⅱ）,如图 4-20（a）所示。此时二极管VD承受反向电压关断,$i_{VD} = 0$。电路输出波形如图 4-21 中的 1 区所示,该工作状态持续时长为t_{on}。

（2）当$u_{GE} = 0$时,开关 IGBT 关断,电路工作于工作状态 2,形成直流电源向电感L_1放电的电流回路（Ⅲ）,以及流经二极管VD、电感L_2以及电阻的电流回路（Ⅳ）,如图 4-20（b）所示。电路输出波形如图 4-21 中的 2 区所示,该工作状态持续时长为t_{off}。

可见,在$t_{on} > t_{off}$时,输出电压u_d平均值比输入电压E幅值高。在调节全控型器件导通时长后,可以形成输出电压u_d平均值比输入电压E幅值低的效果,如图 4-22 所示,因此该电路属于升降压斩波电路。

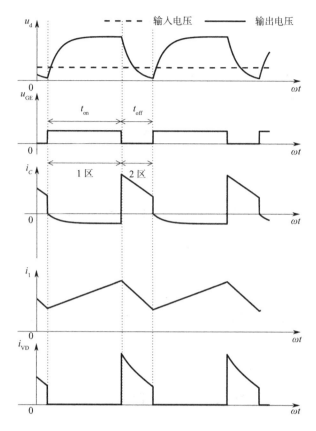

图 4-21 Cuk 斩波电路带电阻负载升压情况波形

第 5 节 斩波电路仿真

4.5.1 仿真环境搭建

在 Matlab 中采用 Simulink 环境进行斩波电路的仿真模型搭建,整体环境与图 3-63 所示整流电路仿真环境相同,仅需更改其中第 5 部分电路具体内容。该部分将包含具体的直流-直流斩波电路拓扑结构,涵盖组成该电路所需的电源输入部分、负载输出部分、电力电子器件部分、控制信号生成部分、数据传递记录部分等,并包含直流-直流斩波电路的能量流通路以及信息流通路。

4.5.2 斩波电路能量流通路搭建

以升压斩波电路为例,升压斩波电路中的能量流通路如图 4-23 所示。

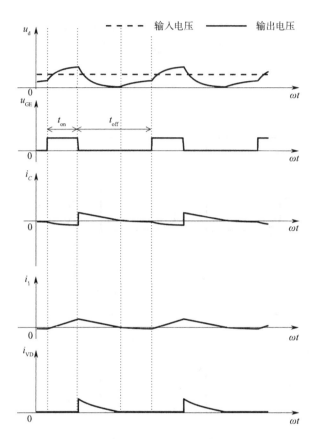

图 4-22　Cuk 斩波电路带电阻负载降压情况波形

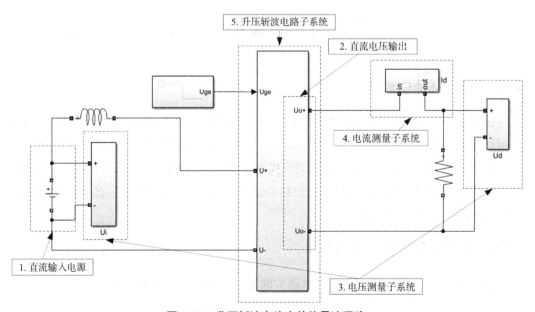

图 4-23　升压斩波电路中的能量流通路

图 4-23 中第 1 部分为直流输入电源,直流电源参数的设置界面如图 4-24 所示,在该界面中可以设置直流电源的幅值(Amplitude);第 2 部分为直流电压输出,连接负载即可得到整流结果;第 3 部分为电压测量子系统;第 4 部分为电流测量子系统;第 5 部分为升压斩波电路子系统,功能为将直流电处理为电压升高并可调的直流电。具体程序如图 4-25 所示,包括电流通路、通路上的半控型电力电子器件晶闸管以及测量晶闸管两端电压的电压测量子系统。

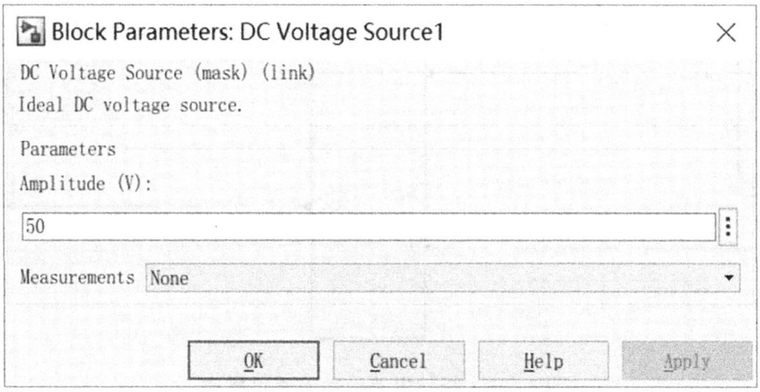

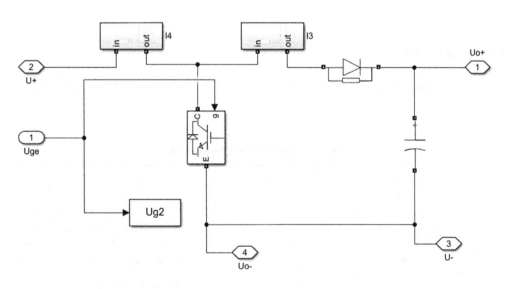

图 4-24　直流电源参数设置界面

图 4-25　升压斩波子系统搭建

4.5.3　斩波电路信息流通路搭建

斩波电路中的信息流通路主要是提供全控型器件 IGBT 的控制信号,如图 4-26 所示,将生成的控制信号直接输入斩波电路子系统中。

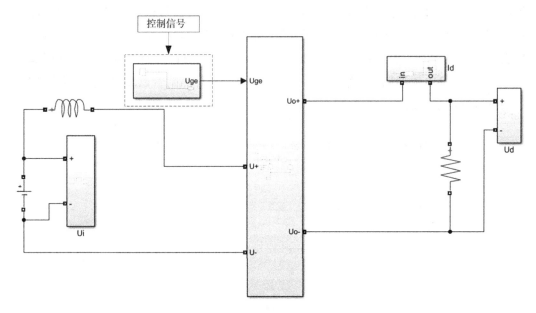

图 4-26   斩波电路信息流通路搭建

控制信号生成子系统程序如图 3-72（a）所示,包括一个与晶闸管对应的脉冲发生器模块和数据输出模块。可以进行参数设置,包括幅值、周期、脉冲宽度、延迟等,如图 3-72（b）所示。

4.5.4   仿真数据

以升压斩波电路为例,选取电路参数,包括输入电源、负载、电力电子器件、控制信号等,见表 4-1。

表 4-1   升压斩波仿真程序参数表

序号	电路功能模块	程序对应模块名	参数名	取值
1	直流输入电源	DC Voltage Source	Amplitude（V）	2
2	电感	Parallel RLC Branch	Inductance L（H）	0.02
3	电阻负载	Parallel RLC Branch	Resistance R（Ohms）	2
4	全控型器件	IGBT	Internal resistance Ron（Ohms）	0.001
5	二极管	Diode	Resistance Ron（Ohms）	0
6	二极管	Diode	Forward voltage Vf（V）	0
7	电容	Parallel RLC Branch	Capacitance C（F）	2
8	控制信号	Pulse Generator	Amplitude	1
9	控制信号	Pulse Generator	Period（secs）	0.1

续表

序号	电路功能模块	程序对应模块名	参数名	取值
10	控制信号	Pulse Generator	Pulse Width（% of period）	20
11	控制信号	Pulse Generator	Phase delay（secs）	0

运行仿真程序后,电路的输出数据将以矩阵的形式存储于内存空间中,使用绘图语句展示电路的输出结果,如图 4-27 所示。横轴为时间,纵轴为逆变电路的输出电压、输出电流、触发信号、流经电感的电流、流经二极管的电流等。

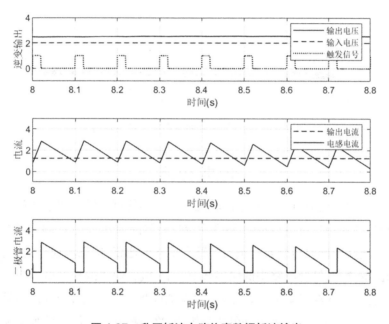

图 4-27　升压斩波电路仿真数据斩波输出

可见,输出电压高于输入电压,因此该电路为升压斩波电路。矩形波形式的控制信号上升沿和下降沿分别控制器件的导通和关断,因此仿真程序的触发单元脉冲宽度信息(Pulse Width)将决定器件在一个周期内的导通时长。该电路的升压过程依靠的是电路中的几个储能元器件,如电感和电容。这些储能元器件在初始时刻无能量存储,因此在仿真时间为 0 的时刻,系统输出从零开始增长,经过一个调节的暂态过程后才趋于稳定,稳定后输出的电压将高于输入电压。这个暂态过程呈现出一定的超调量,如图 4-28 所示。

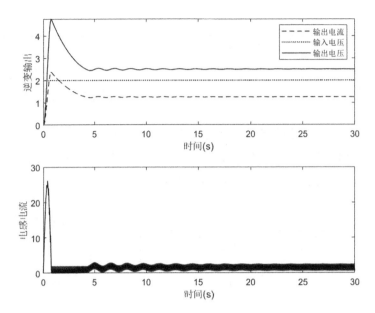

图 4-28   升压斩波电路暂态调节过程输出

本 章 小 结

本章主要介绍了电力电子核心电能转化技术之一的直流斩波技术,将直流电转化为可调的直流电。使用的核心电力电子器件为全控型器件,如可关断晶闸管、IGBT 等。

直流斩波电路中同时运行着能量流通路和信息流通路,信息流通路的控制信息控制着能量流通路的通断,结合电路中的储能环节,和二极管组成的控制电流流向环节,可以实现直流电的提升、下降等操作。电路中的开关通断将完全受到外界控制信号的作用,分析整流电路工作原理时,统一采用分段式分析法,将全控型半导体开关视为理想开关,其通断状态对应不同的电路工作状态,代表着不同储能环节的充电或放电状态。

直流斩波电路使用在直流供电(如蓄电池)的环节,通过外接控制开关的通断控制,使直流用电单元可以得到更为精细的电能供应,满足复杂多变的用电需求。如采用直流供电的智能机器人,可以利用可调的直流电源完成复杂的运动控制,在多种外界环境中完成多样的设计任务。

思考题与习题

1. 简述降压斩波电路与升压斩波电路的工作原理。

2. 降压斩波电路为电阻、电感及反电动势串联而成的负载提供可调节的直流电。其中负载电阻 $R = 20\,\Omega$,反电动势 $E_m = 10\,V$,电感 L 极大。当输入电压 $E = 100\,V$,$t_{on} = 20\,\mu s$,$t_{off} = 20\,\mu s$ 时,试求直流电压输出平均值 U_d 以及电流输出平均值 I_d ,并绘制触发信号 u_{GE} 及输出电压 u_d 的曲线。

3. 升压斩波电路为电阻负载提供电压可提升也可降低的直流电。其中负载电阻 $R = 10\,\Omega$,储能元件电感 L 和电容 C 均极大。当输入电压 $E = 20\,V$ 时,试求获得平均值 $U_d = 10\,V$ 以及 $U_d = 25\,V$ 电压输出时的控制方式以及对应的电流输出平均值,并绘制触发信号 u_{GE} 及输出电压 u_d 的曲线。

4. 简述升降压斩波电路和 Cuk 斩波电路的基本原理,并分析两个电路的共同点和差异。

素质拓展题

仿真实现图 4-15 所示升降压斩波电路,并尝试调节电路中的储能元器件参数及触发信号占空比,观察储能元器件参数以及控制参数对电路输出的影响。

第5章　直流-交流变换技术

第1节　直流-交流变换技术概述

5.1.1　实现直流-交流变换的逆变电路

交流电转换为直流电的技术,与整流技术、直流斩波技术同是电力电子技术四种电能变换技术之一,属于图 1-6 所示树形知识结构的第三个主干分支,又称为 DC-AC 变换技术,或逆变技术。逆变电路,主要起到将直流电转换为交流电的作用。

1. 电力传输中的逆变技术

逆变技术是特高压直流输电技术的关键环节,负责将直流电转换为电网可接的交流电。逆变技术与整流技术共同配合形成电能形式的控制效果,实现电能的远距离传输。

如 2015 年 12 月开工,2019 年 1 月投运的特高压直流输电线路,促进了内蒙古上海庙及宁夏地区经济社会发展,缓解了山东地区能源供需矛盾。如 2016 年 1 月开工,2019 年 12 月建成投产的特高压直流输电线路,实现了西部煤电基地电能直供华东地区满足用电需要,推动了新疆煤电基地建设和地区经济发展。如 2018 年 11 月开工,2020 年 12 月建成投产的特高压直流输电线路,促进了青海省清洁能源开发外送,满足了河南省的发展需要。如 2020 年 2 月开工,已经核准在建的特高压直流输电线路,将支持陕北革命老区发展,满足湖北省负荷发展需求并改善电源结构。

2. 清洁能源中的逆变技术

中共中央、国务院印发的《关于完整准确全面贯彻新发展理念做好碳达峰碳中和工作的意见》于 2021 年 10 月 24 日发布,中国力争 2030 年前实现碳达峰,2060 年前实现碳中和,实现双碳目标。清洁能源将助力双碳目标的实现,如光伏发电技术等。清洁能源发电后形成的直流电,当需要向交流负载供电时或需要并入交流电网时,就需要将直流电通过逆变电路转化为交流电。

3. 电动汽车中的逆变技术

电动汽车中的电池为提供汽车动力的核心装置,直流电经过逆变环节后传递到汽车发动机中。逆变芯片作为电动汽车中的关键部件,起到了能量转换的核心作用,成本仅次于电池。

5.1.2 逆变电路中的能量流传递通路

逆变电路的功能是将输入的直流电转化为交流电输出供给负载,逆变电路作为能量传递通路中的中间转换环节,承担着传递能量的关键作用。当输出的交流端接在交流电网上时,则称为有源逆变;当输出的交流端接负载时,则称为无源逆变。逆变电路中的能量流传递通路如图 5-1 所示。

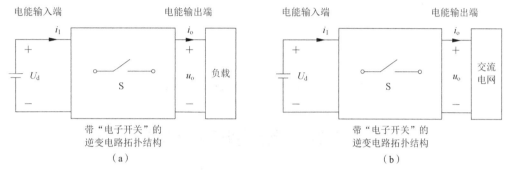

图 5-1 逆变电路中的能量流传递通路示意

（a）无源逆变 （b）有源逆变

本章主要讲解交流电输出端直接连接负载的无源逆变电路,如图 5-1（a）所示,按照输入直流电的形式可分为电压型逆变电路和电流型逆变电路。电压型逆变电路输入端为电压源,其输入电压恒定不变,一般在输入端并入大电容 C,如图 5-2（a）所示。电流型逆变电路输入端为电流源,其输入电流恒定不变,一般在输入端串入大电感 L,如图 5-2（b）所示。

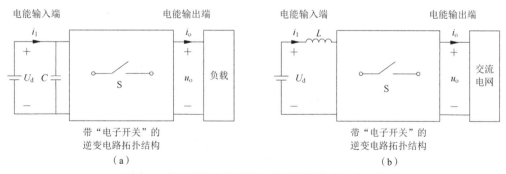

图 5-2 电压型和电流型逆变电路能量传递通路示意

（a）电压型逆变 （b）电流型逆变

5.1.3 逆变电路中的信息流传递通路

逆变电路,依靠电子开关的通断实现直流电转化为交流电。电力电子开关的通断,将接收来自控制电路的控制信号。控制信号通过信息流传递通路(图 5-3)接到可控电子开关的控制端。电力电子开关视为理想开关,采用电力电子器件。电力电子器件的动态工作过程以及驱动等问题,将在第 8 章讨论。

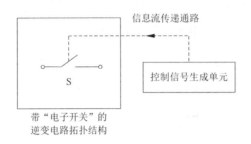

带"电子开关"的
逆变电路拓扑结构

图 5-3   逆变电路中的信息流传递通路示意

第 2 节   电压型逆变电路

5.2.1   单相半桥电压型逆变电路

单相半桥电压型逆变电路原理图如图 5-4 所示,包括输入直流电 U_d,两个全控型器件 V_1、V_2,两个维持输入电压恒定的电容 C_1、C_2,两个续流二极管 VD_1、VD_2,以及串接在一起的负载电阻 R 和负载电感 L。电路中的核心控制单元为全控型器件 V_1、V_2,将接收外接控制信号 u_{GE1}、u_{GE2};输出电压为 u_o,输出电流为 i_o。

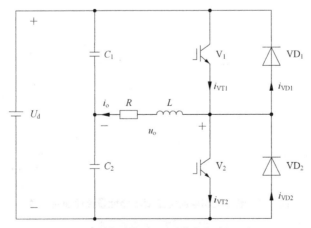

图 5-4   单相半桥电压型逆变电路原理图

在全控型器件 V_1、V_2 和续流二极管 VD_1、VD_2 的作用下,电路将有四个开关 S_1、S_2、S_3、S_4 与之对应,其开关状态的组合将形成以下四个电路工作状态,如图 5-5 所示。

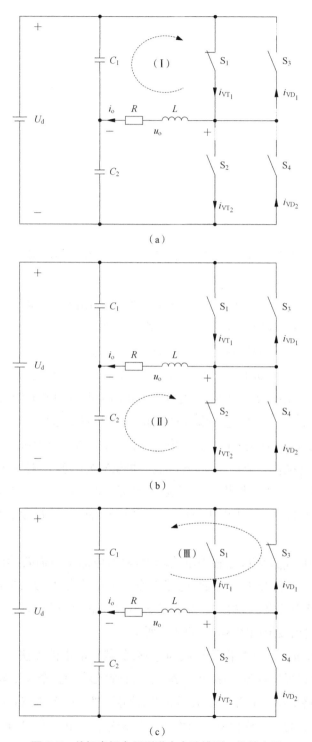

图 5-5　单相半桥电压型逆变电路模型工作状态图

（a）工作状态 1：开关 S_1 导通　（b）工作状态 2：开关 S_2 导通　（c）工作状态 3：开关 S_3 导通

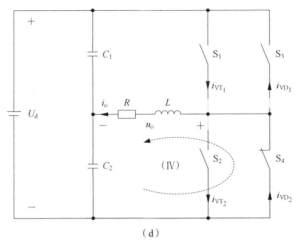

图 5-5 单相半桥电压型逆变电路模型工作状态图（续）

（d）工作状态 4：开关 S_4 导通

假设已知输入电路的直流电幅值为固定取值 U_d，输出的交流电周期为 T，u_{GE1}、u_{GE2} 分别控制 V_1 和 V_2。在一个周期内，u_{GE1} 将维持高电平半个周期 $0\sim\pi$，u_{GE2} 将维持高电平另外半个周期 $\pi\sim2\pi$，形成互补的控制信号。电路具体工作过程如下。

（1）当 $u_{GE1}>0$，$u_{GE2}=0$ 时，全控型器件 V_1 导通，开关 S_1 导通，电路工作于工作状态 1，形成电流回路（Ⅰ），如图 5-5（a）所示，相当于负载两端电压和电流均为正。输出电压与输入电压符号相同，$u_o=U_d/2$，电路输出波形如图 5-6 中的 2 区所示。

（2）当 $u_{GE1}=0$，$u_{GE2}>0$ 时，由于负载为电感，负载中的电流无法突变，因此 V_2 无法及时导通，需要二极管提供续流通路，因此续流二极管 VD_2 导通，全控型器件 V_1、V_2 均关断，即开关 S_4 导通，电路工作于工作状态 4，形成电流回路（Ⅳ），如图 5-5（d）所示，相当于负载两端电压为负、电流为正。输出电压与输入电压符号反向 $u_o=-U_d/2$，电路输出波形如图 5-6 中的 3 区所示。

（3）当 $u_{GE1}=0$，$u_{GE2}>0$，电感中电流降为零后，电路不再需要续流二极管导通，此时，全控型器件 V_2 导通，开关 S_2 导通，电路工作于工作状态 2，形成电流回路（Ⅱ），如图 5-5（b）所示，相当于负载两端电压和电流均为负。输出电压与输入电压符号相反，$u_o=-U_d/2$，电路输出波形如图 5-6 中的 4 区所示。

（4）当 $u_{GE1}>0$，$u_{GE2}=0$ 时，由于负载为电感，负载中的电流无法突变，因此 V_1 无法及时导通，需要二极管提供续流通路，因此续流二极管 VD_1 导通，全控型器件 V_1、V_2 均关断，即开关 S_3 导通，电路工作于工作状态 3，形成电流回路（Ⅲ），如图 5-5（c）所示，相当于负载两端电压为正、电流为负。输出电压与输入电压符号相同 $u_o=U_d/2$，电路输出波形如图 5-6 中的 1 区所示。

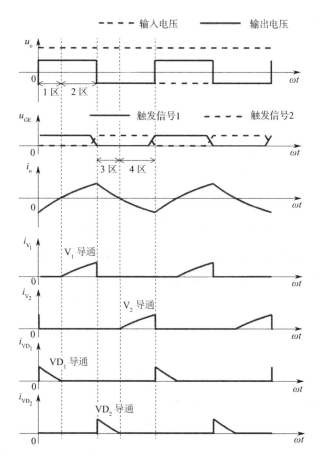

图 5-6　单相半桥电压型逆变电路输出波形

可见,输出交流电压的最大幅值仅有输入直流电压的一半。负载电流无法突变,将缓慢上升并缓慢下降,二极管提供对应的续流通路,形成续流电流 i_{VD_1}、i_{VD_2}。i_{V_1}、i_{V_2} 为流过 IGBT 的电流,代表了全控型器件的导通区间。

5.2.2　单相全桥电压型逆变电路

单相全桥电压型逆变电路原理图如图 5-7 所示,包括输入直流电 U_d,四个全控型器件 V_1、V_2、V_3、V_4,一个维持输入电压恒定的电容 C,四个续流二极管 VD_1、VD_2、VD_3、VD_4 以及串接在一起的负载电阻 R 和负载电感 L。电路中的核心控制单元为全控型器件 $V_1 \sim V_4$,将接收外接控制信号 u_{GE1}、u_{GE2}、u_{GE3}、u_{GE4},输出电压为 u_o,输出电流为 i_o。

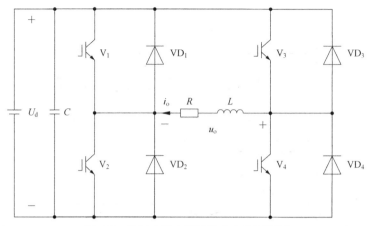

图 5-7　单相全桥电压型逆变电路原理图

在全控型器件 V 和续流二极管 VD 的作用下,电路将有八个开关 $S_1 \sim S_8$ 与之对应,其开关状态的组合将形成以下四个电路工作状态,如图 5-8 所示。

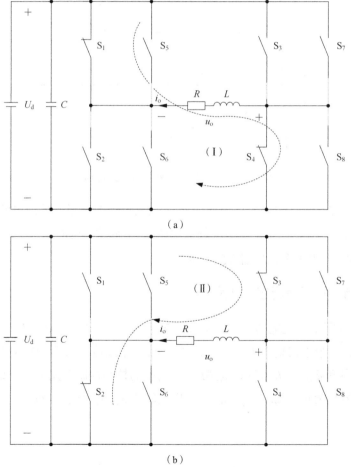

图 5-8　单相全桥电压型逆变电路模型工作状态图

(a)工作状态 1:开关 S_1、S_4 导通　(b)工作状态 2:开关 S_3、S_2 导通

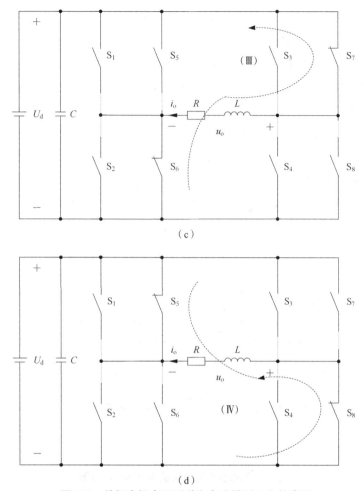

图 5-8　单相全桥电压型逆变电路模型工作状态图

（c）工作状态 3：开关 S_6、S_7 导通　　（d）工作状态 4：开关 S_5、S_8 导通

假设已知输入电路的直流电幅值为固定取值 U_d，输出的交流电周期为 T，u_{GE1}、u_{GE2}、u_{GE3}、u_{GE4} 分别控制 V_1、V_2、V_3、V_4。V_1 和 V_4 组成一个桥臂，接收相同的控制信号 $u_{GE1} = u_{GE4}$；V_2 和 V_3 组成一个桥臂，接收相同的控制信号 $u_{GE2} = u_{GE3}$。控制周期内，两组桥臂控制信号以互补的方式进行电路控制，即前半个周期 $0 \sim \pi$ 时，$u_{GE1} = u_{GE4} > 0$，后半个周期 $\pi \sim 2\pi$ 时，$u_{GE2} = u_{GE3} > 0$，则电路具体工作过程如下。

（1）当 $u_{GE1} = u_{GE4} > 0$，$u_{GE2} = u_{GE3} = 0$ 时，全控型器件 V_1、V_4 导通，开关 S_1、S_4 导通，电路工作于工作状态 1，形成电流回路（Ⅰ），如图 5-8（a）所示，相当于负载两端电压和电流均为负。输出电压与输入电压反向 $u_o = -U_d$，电路输出波形如图 5-9 中的 1 区所示。

（2）当 $u_{GE1} = u_{GE4} = 0$，$u_{GE2} = u_{GE3} > 0$ 时，此时输出电压由负变正，由于负载为电感，负载中的电流无法突变，V_2、V_3 无法及时导通，需要二极管提供续流通路，因此续流二极管 VD_2、VD_3 导通，全控型器件 V_1、V_2、V_3、V_4 均关断，即开关 S_6、S_7 导通，电路工作于工作状态

3,形成电流回路(Ⅲ),如图 5-8(c)所示,相当于负载两端电压为正、电流为负。输出电压与输入电压相同 $u_o = U_d$,电路输出波形如图 5-9 中的 2 区所示。

(3)当 $u_{GE1} = u_{GE4} = 0$,$u_{GE2} = u_{GE3} > 0$,负载电流变为零后,电路不再需要续流,续流二极管关断,全控型器件 V_2、V_3 导通,即开关 S_2、S_3 导通,电路工作于工作状态 2,形成电流回路(Ⅱ),如图 5-8(b)所示,相当于负载两端电压和电流均为正。输出电压与输入电压相等 $u_o = U_d$,电路输出波形如图 5-9 中的 3 区所示。

(4)当 $u_{GE1} = u_{GE4} > 0$,$u_{GE2} = u_{GE3} = 0$ 时,输出电压由正变负,由于负载为电感,负载中的电流无法突变,V_1、V_4 无法及时导通,需要二极管提供续流通路,因此续流二极管 VD_1、VD_4 导通,全控型器件 V_1、V_2、V_3、V_4 均关断,即开关 S_5、S_8 导通,电路工作于工作状态 4,形成电流回路(Ⅳ),如图 5-8(d)所示,相当于负载两端电压为负、电流为正。输出电压与输入电压反向 $u_o = -U_d$,电路输出波形如图 5-9 中的 4 区所示。

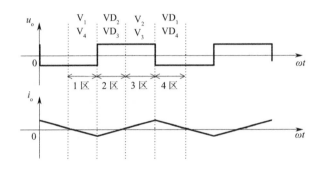

图 5-9　单相全桥电压型逆变电路输出波形

可见,单相全桥电压型逆变电路,在互补控制方式下,输出的交流电电压幅值不可调,可以采用移相的控制方式,达到输出电压可以自由调节的效果。采用移相的方式进行电路控制,会使电路中的八个开关重新组合开关方式,形成六个工作状态,如图 5-8 和图 5-10 所示。

移相的控制方式是指,在一个周期内,两组桥臂控制信号不再以互补的方式进行电路控制,而是在 $0 \sim \pi$ 时 $u_{GE1} = -u_{GE2} > 0$,在 $\pi \sim 2\pi$ 时 $u_{GE1} = -u_{GE2} < 0$,在 $0 - \theta \sim \pi - \theta$ 时 $u_{GE3} = -u_{GE4} > 0$,在 $\pi - \theta \sim 2\pi - \theta$ 时 $u_{GE3} = -u_{GE4} = 0$,如图 5-11 所示。电路具体工作过程如下。

(1)当 $u_{GE1} = u_{GE4} > 0$,$u_{GE2} = u_{GE3} < 0$ 时,全控型器件 V_1、V_4 导通,开关 S_1、S_4 导通,电路工作于工作状态 1,形成电流回路(Ⅰ),如图 5-8(a)所示,相当于负载两端电压和电流均为负。输出电压与输入电压反向,即 $u_o = -U_d$,电路输出波形如图 5-11 中的 1 区所示。

(2)当 $u_{GE1} > 0$,$u_{GE3} > 0$,$u_{GE2} = 0$,$u_{GE4} = 0$ 时,V_1 将与 VD_3 共同导通,提供电流回路,即开关 S_1、S_7 导通,电路工作于工作状态 5,形成电流回路(Ⅴ),如图 5-10(a)所示,相当于

负载两端电压为零,电流为负,电路输出波形如图 5-11 中的 2 区所示。

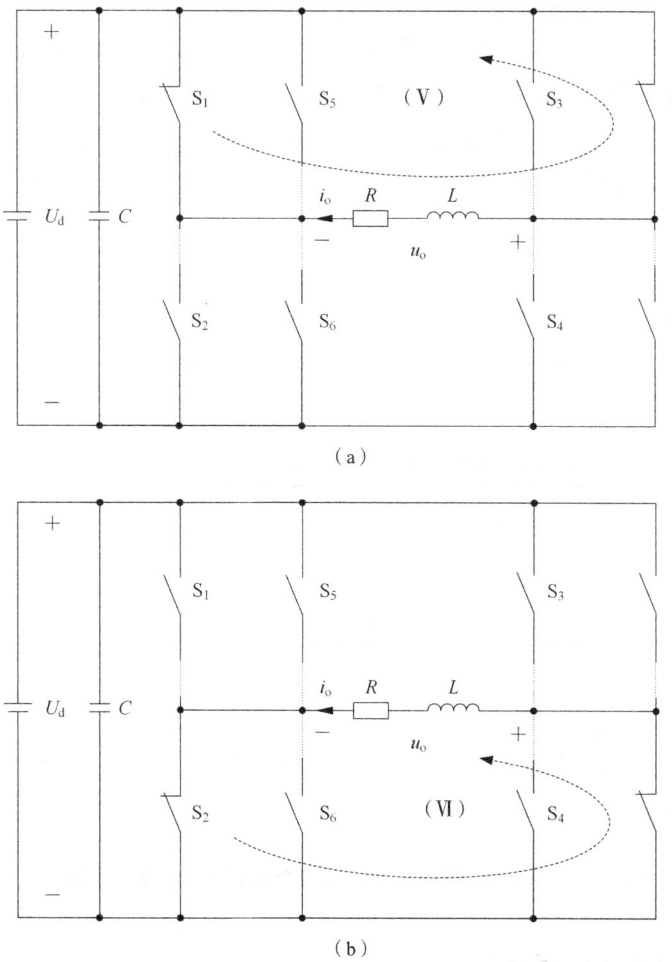

图 5-10　单相全桥电压型逆变电路移相调压方式模型工作状态图

（a）工作状态 5:开关 S_1、S_7 导通　（b）工作状态 6:开关 S_2、S_8 导通

（3）当 $u_{GE1} = u_{GE4} = 0$,$u_{GE2} = u_{GE3} > 0$ 时,输出电压由零变正,由于负载为电感,负载中的电流无法突变,V_2、V_3 无法及时导通,需要二极管提供续流通路,因此续流二极管 VD_2、VD_3 导通,全控型器件 V_1、V_2、V_3、V_4 均关断,即开关 S_6、S_7 导通,电路工作于工作状态 3,形成电流回路（Ⅲ）,如图 5-8（c）所示,相当于负载两端电压为正、电流为负。输出电压与输入电压相同 $u_o = U_d$,电路输出波形如图 5-11 中的 3 区所示。

（4）当 $u_{GE1} = u_{GE4} = 0$,$u_{GE2} = u_{GE3} > 0$,负载电流降为零后,电路不再需要续流,续流二极管关断,全控型器件 V_2、V_3 导通,即开关 S_2、S_3 导通,电路工作于工作状态 2,形成电流回路（Ⅱ）,如图 5-8（b）所示,相当于负载两端电压和电流均为正。输出电压与输入电压相等 $u_o = U_d$,电路输出波形如图 5-11 中的 4 区所示。

（5）当 $u_{GE1} = 0$, $u_{GE3} = 0$, $u_{GE2} > 0$, $u_{GE4} > 0$ 时,V_2 将与 VD_4 共同导通,即开关 S_2、S_8 导

通,电路工作于状态 6,形成电流回路(Ⅵ),如图 5-10(b)所示,相当于负载两端电压为零,电流为正,电路输出波形如图 5-11 中的 5 区所示。

（6）当 $u_{GE1} = u_{GE4} > 0, u_{GE2} = u_{GE3} = 0$ 时,输出电压由零变负,由于负载为电感,负载中的电流无法突变,V_1、V_4 无法及时导通,需要二极管提供续流通路,因此续流二极管 VD_1、VD_4 导通,全控型器件 V_1、V_2、V_3、V_4 均关断,即开关 S_6、S_7 导通,电路工作于状态 4,形成电流回路(Ⅳ),如图 5-8(d)所示,相当于负载两端电压为负、电流为正。输出电压与输入电压反向 $u_o = -U_d$,电路输出波形如图 5-11 中的 6 区所示。

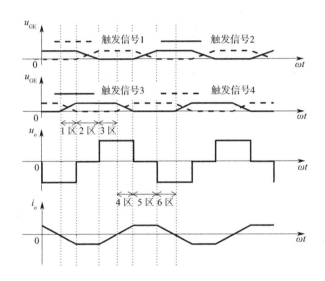

图 5-11　单相全桥电压型逆变电路移相调压方式输出波形

5.2.3　三相电压型逆变电路

三相电压型逆变电路原理图如图 5-12 所示,包括六个全控型器件 IGBT $V_1 \sim V_6$ 及六个二极管 $VD_1 \sim VD_6$。该电路可以理解为三个单相逆变电路组合而成,六个全控型器件作为电力电子开关为该电路中的核心控制元件,将组合成六种电路导通回路。每个桥臂的导通角度均设为 π,同相上下两个桥臂对应的 IGBT 交替导通。各相导通起始时间互差 $2\pi/3$,任意工作瞬间,将有三个桥臂同时导通,并在每个桥臂上下间完成换流。

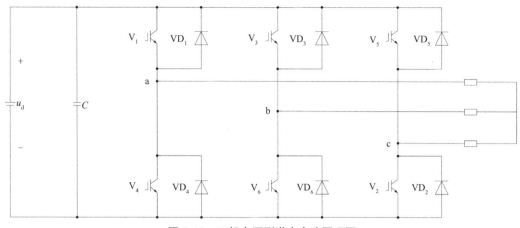

图 5-12　三相电压型逆变电路原理图

第 3 节　电流型逆变电路

5.3.1　单相电流型逆变电路

单相电流型逆变电路原理图如图 5-13 所示,包括四个晶闸管VT_1、VT_2、VT_3、VT_4,一个保证电源电流恒定不变的大电感L,串接在一起的电阻负载R和电感负载L,并联在阻感负载两端的电容负载C。形成的RLC负载两端电压为u_o,流经的电流为i_o。该电路中的核心控制元器件为四个晶闸管,将接收控制信号u_{g1}、u_{g2}、u_{g3}、u_{g4}。

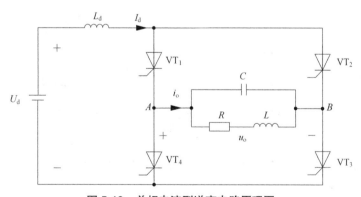

图 5-13　单相电流型逆变电路原理图

5.3.2　三相电流型逆变电路

三相电流型逆变电路将提供三相交流电作为输出,同时保证输出的电流波形近似为矩形波,采用全控型器件可关断晶闸管,并结合桥式接法,可以达到三相逆变的作用,电路结构如图 5-14 所示。

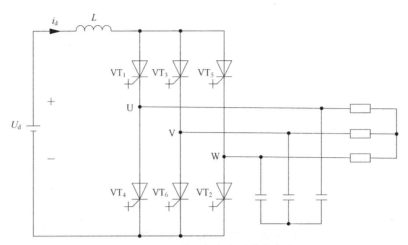

图 5-14   可关断晶闸管三相电流型逆变电路原理图

也可以采用半控型器件晶闸管作为核心电力电子器件组成三相电流型逆变电路,如图 5-15 所示,采用强迫换流的方式实现各相之间的换流。

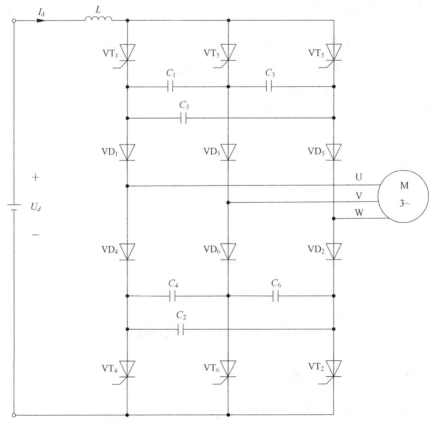

图 5-15   晶闸管三相电流型逆变电路原理图

第4节 逆变电路仿真

5.4.1 仿真环境搭建

在 Matlab 中采用 Simulink 环境进行斩波电路的仿真模型搭建,整体环境与图 3-63 所示整流电路仿真环境相同,仅需更改其中第 5 部分电路具体内容。该部分将包含具体的直流-交流逆变电路拓扑结构,并涵盖组成该电路所需的电源输入部分、负载输出部分、电力电子器件部分、控制信号生成部分、数据传递记录部分等,并包含直流-交流逆变电路的能量流通路以及信息流通路。

5.4.2 逆变电路能量流通路搭建

以单相半桥电压型逆变电路为例,逆变电路中的能量流通路如图 5-16 所示。

图 5-16 中第 1 部分为直流输入电源,采用两个幅值相同的直流电源串联的方式,模拟电压源并接两个稳压电容的形式;第 2 部分为交流电压输出,连接负载即可得到逆变结果;第 3 部分为电压测量子系统;第 4 部分为电流测量子系统;第 5 部分为单相电压型逆变电路子系统,功能为将直流电处理为频率、幅值均可调的交流电,具体程序如图 5-17 所示,包括电流通路、通路上的全控型电力电子器件以及续流回路。

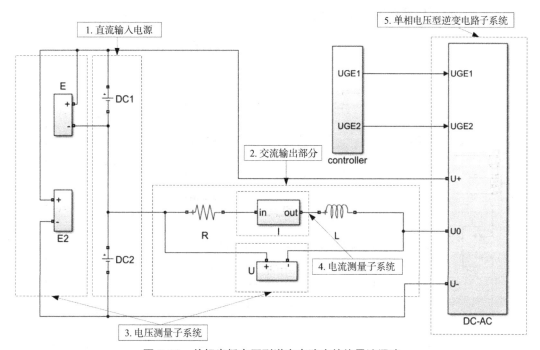

图 5-16 单相半桥电压型逆变电路中的能量流通路

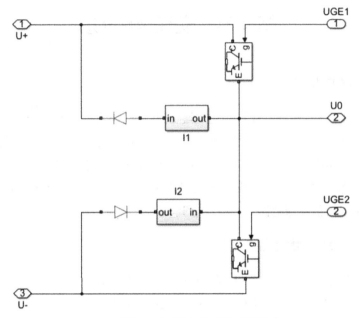

图 5-17　单相电压型逆变电路子系统搭建

5.4.3　逆变电路信息流通路搭建

逆变电路中的信息流通路主要是提供全控型器件 IGBT 的控制信号，如图 5-18 所示，将生成的控制信号直接输入逆变子系统中。

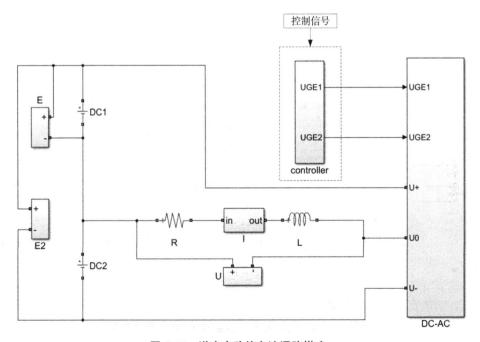

图 5-18　逆变电路信息流通路搭建

　　控制信号生成子系统程序包括两个与全控型器件对应的脉冲发生器和相应的数据输出模块,如图 5-19 所示。

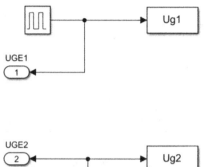

图 5-19　控制信号生成子系统搭建

5.4.4　仿真数据

　　以单相半桥电压型逆变电路为例,选取电路参数,包括输入电源、负载、电力电子器件、控制输入等,见表 5-1。

表 5-1　单相半桥电压型逆变电路程序参数

序号	电路功能模块	程序对应模块名	参数名	取值
1	直流输入电源 1	DC Voltage Source	Amplitude（V）	50
2	直流输入电源 2	DC Voltage Source	Amplitude（V）	50
3	电感	Parallel RLC Branch	Inductance L（H）	10
4	电阻负载	Parallel RLC Branch	Resistance R（Ohms）	2
5	全控型器件 1	IGBT	Internal resistance Ron（Ohms）	0.001
6	全控型器件 1	IGBT	Forward voltage Vf（V）	0
7	全控型器件 2	IGBT	Internal resistance Ron（Ohms）	0.001
8	全控型器件 2	IGBT	Forward voltage Vf（V）	0
9	续流二极管 1	Diode	Resistance Ron（Ohms）	0
10	续流二极管 1	Diode	Forward voltage Vf（V）	0
11	续流二极管 1	Diode	Snubber capacitance Cs（F）	0
12	续流二极管 2	Diode	Resistance Ron（Ohms）	0
13	续流二极管 2	Diode	Forward voltage Vf（V）	0
14	续流二极管 2	Diode	Snubber capacitance Cs（F）	0
15	控制信号 1	Pulse Generator	Amplitude	1

序号	电路功能模块	程序对应模块名	参数名	取值
16	控制信号1	Pulse Generator	Period（secs）	0.1
17	控制信号1	Pulse Generator	Pulse Width（% of period）	50
18	控制信号1	Pulse Generator	Phase delay（secs）	0
19	控制信号2	Pulse Generator	Amplitude	1
20	控制信号2	Pulse Generator	Period（secs）	0.1
21	控制信号2	Pulse Generator	Pulse Width（% of period）	50
22	控制信号2	Pulse Generator	Phase delay（secs）	0.05

　　运行仿真程序后,电路的输出数据将以矩阵的形式存储于内存空间中,使用绘图语句展示电路的输出结果,如图 5-20 所示。横轴为时间,纵轴为逆变电路的输出电压、输出电流、触发信号、续流电流等。

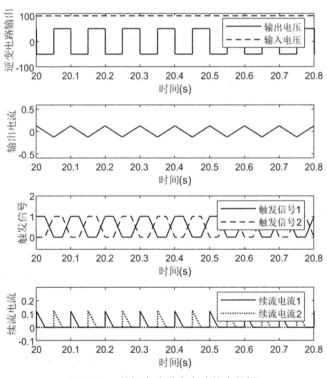

图 5-20　单相半波逆变电路仿真数据

　　为了展示单相半波电压型逆变电路全时段工作过程,观察其初始时刻的暂态调节过程,输出电流有个缓慢调节上升的过程,如图 5-21 所示。

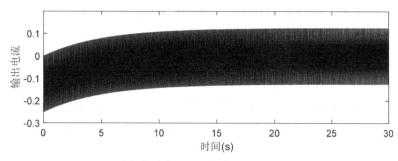

图 5-21　单相半波电压型逆变电路调节过程仿真数据

本 章 小 结

本章主要介绍了电力电子核心电能转化技术之一的逆变技术,将直流电转化为可调的交流电。使用的核心电力电子器件为全控型器件,由于采用的是直流输入电源,因此电子开关的通断,将完全受信息流传递的控制信号影响。此外还介绍了负载为容性时采用晶闸管为核心控制器件,利用负载特性实现开关通断的工作情况。

逆变电路中同时运行着能量流通路和信息流通路,从能量流和信息流流通的角度,详细介绍了多种逆变电路的拓扑结构和工作原理。按输出交流电的类型分类,涵盖了单相逆变电路、三相逆变电路;按直流电源形式分类,涵盖了电压型逆变和电流型逆变;按逆变电路拓扑结构功能特点分类,涵盖了半桥逆变、全桥逆变等。电路以电路结构特点及功能特点命名,分析整流电路工作原理时,统一采用分段式分析法,将开关视为理想开关。

逆变技术和整流技术配合,使用户可用的电能形式灵活多样,并为电能的转化与控制问题提供了更多的解决方案。如用户用电时,可以利用整流环节将交流电转化为直流电,再通过逆变环节将直流电变回交流电,形成“交-直-交”电能转化方案,或利用逆变和整流技术的结合实现“直-交-直”电能转化方案,使电能的供应端和使用端更为灵活。如著名的特高压直流输电技术,结合整流和逆变技术,实现了电能的远距离传输,该项技术我国已经做到了世界一流,打破了多项世界纪录,并做成了“一带一路”上的一张金色的名片。电力电子技术支持着多种发电方式,促进着清洁能源发电的发展,助力我国“双碳”目标的实现。原机械工业部电工局局长周鹤良接受中国工业报记者采访时提出,构建以新能源为主体的新型电力系统需要新型电力电子技术以及先进的控制技术保护它、控制它。

思考题与习题

1. 阐述无源逆变电路和有源逆变电路的概念和区别。

2. 阐述电压型逆变与电流型逆变电路的概念和各自特点。

3.描述单相半桥电压型逆变电路与单相全桥逆变电路的工作过程,并分析两个电路的相同之处与区别。

素质拓展题

在第 4 节单相半波电压型逆变电路仿真的基础上,尝试增设两个 IGBT 器件,形成单相全桥电压型逆变电路,观察输出曲线。讨论当 1 号 IGBT 触发信号丢失时,对电路输出的影响。

第6章　交流-交流变换技术

第1节　交流-交流变换技术概述

交流电转换为交流电的技术,与整流技术、直流斩波技术、逆变技术同是电力电子技术四种电能变换技术之一,属于图1-6所示树形知识结构的第四个主干分支,又称为AC-AC变换技术。交流-交流变换电路,主要起到将交流电变为另一个幅值或频率交流电的作用,分为调节交流电有效值的电力控制电路和调节交流电频率的交流变频电路。

6.1.1　实现交流-交流变换的交流电力控制电路

交流电力控制电路即通过电力电子器件的调节与控制,实现交流电电压与电流的通断控制,进而调节输出电压的有效值但是不改变电路的频率。

电路又可以分为交流调压电路和交流调功电路。这两种电路在电路拓扑结构上完全一致,区别仅在于控制方式。交流调压电路主要应用于灯光、电动机等时间常数低的负载系统,交流调功电路主要应用于炉温控制等时间常数高的负载系统。

6.1.2　实现交流-交流变换的交流变频电路

交流变频电路是交流-交流变换的另一种形式,该形式的电路不改变电能的形式,会将输入的交流电变换为频率可调的交流电。

6.1.3　交流-交流变换电路中的能量流传递通路

交流-交流变换电路的功能是将输入的交流电能转化为可调节的输出交流电能供给负载使用,交流-交流变换电路作为能量传递通路中的中间转换环节,承担着传递能量的关键作用。交流-交流变换电路中的能量流传递通路如图6-1所示。

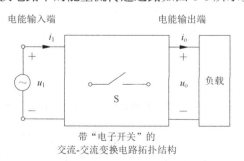

图 6-1　交流-交流变换电路中的能量流传递通路示意

6.1.4 交流-交流变换电路中的信息流传递通路

交流-交流变换电路之所以能够将输入的交流电转化为可调节的交流电,主要是依靠电力电子开关的通断。电力电子开关的通断,将接收来自控制电路的控制信号。控制信号通过信息流传递通路(图 6-2)接到可控电子开关的控制端。电力电子开关采用电力电子器件,并视为理想开关。电力电子器件的动态工作过程以及驱动等问题,将在第 8 章讨论。

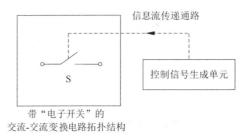

图 6-2　交流-交流变换电路中的信息流传递通路示意

第 2 节　交流电力控制电路

6.2.1　单相交流调压电路

1. 单相交流调压电路带电阻负载

单相交流调压电路带电阻负载原理图如图 6-3 所示,包括两个晶闸管VT_1、VT_2和一个电阻负载R,输出电压为u_o,输出电流为i_o。该电路中的关键核心元器件为晶闸管,接收控制信号u_{g1}和u_{g2}。

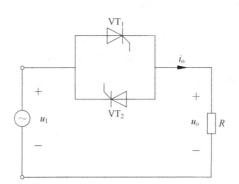

图 6-3　单相交流调压电路带电阻负载原理图

单相交流调压电路中有两个电子开关,按照开关的导通与关断状态,分段分析电路的工作过程,该电路共有三个工作状态,如图 6-4 所示。在工作状态 1,S_1导通S_2关断,形成电流回路(Ⅰ)为负载供电;在工作状态2,S₂导通S₁关断,形成电流回路(Ⅱ)为负载供电;在工作状态3,S₁、S₂均关断,电路中无电流。

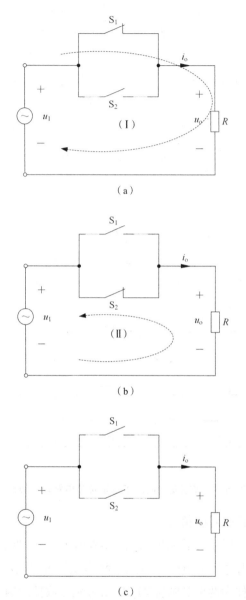

图 6-4　单相交流调压电路带电阻负载模型工作状态图
(a)工作状态1:开关S₁导通　(b)工作状态2:开关S₂导通　(c)工作状态3:开关S₁、S₂关断

假设已知输入电路的交流电压u_1为正弦形式的交流电,且周期为2π。单相交流调压电路在输入电压与晶闸管触发信号共同作用下,波形如图6-5所示,具体工作过程如下。

(1)当$u_1 > 0$且$u_{g1} = 0$时,晶闸管VT₁承受正电压,准备导通,但是由于门极控制信号为零,因此为关断状态;晶闸管VT₂承受负电压,为关断状态。电路处于图6-4(c)所示的工作状态 3,电路中无电流通路,输出电压和电流均为零,如图 6-5 中的 1 区所示。

（2）当$u_1 > 0$且$u_{g1} > 0$时,晶闸管VT$_1$承受正电压,且门极控制信号为正,因此为导通状态;晶闸管VT$_2$承受负电压,为关断状态。电路处于图 6-4（a）所示的工作状态 1,电路中形成电流回路（Ⅰ）,输出电压$u_o = u_1$,如图 6-5 中的 2 区所示。

（3）当$u_1 < 0$且$u_{g2} = 0$时,晶闸管VT$_2$承受正电压,准备导通,但是由于门极控制信号为零,因此为关断状态;晶闸管VT$_1$承受负电压,为关断状态。电路处于图 6-4（c）所示的工作状态 3,电路中无电流通路,输出电压和电流均为零,如图 6-5 中的 3 区所示。

（4）当$u_1 < 0$且$u_{g2} > 0$时,晶闸管VT$_2$承受正电压,且门极控制信号为正,因此为导通状态;晶闸管VT$_1$承受负电压,为关断状态。电路处于图 6-4（b）所示的工作状态 2,电路中形成电流回路（Ⅱ）,输出电压$u_o = u_1$,如图 6-5 中的 4 区所示。

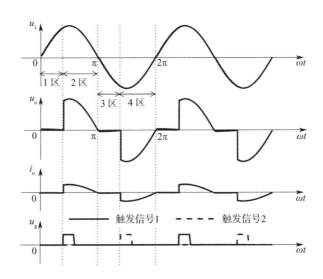

图 6-5 单相交流调压带电阻负载电路输出波形

2. 单相交流调压电路带阻感负载

单相交流调压电路带阻感负载原理图如图 6-6 所示,包括两个晶闸管VT$_1$、VT$_2$和电阻负载R,电感负载L。输出电压为电阻与电感串联形成的负载电压u_o,输出电流为i_o。该电路中的关键核心元器件为两个晶闸管VT$_1$、VT$_2$,分别接收控制信号u_{g1}和u_{g2}。

单相交流调压电路中有两个电子开关,按照开关的导通与关断状态,分段分析电路的工作过程,该电路共有三个工作状态,如图 6-4 所示。假设已知输入电路的交流电压u_1为正弦形式的交流电,且周期为2π。单相交流调压电路在输入电压与晶闸管触发信号共同作用下,波形如图 6-7 所示,具体工作过程如下。

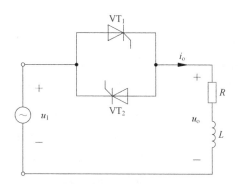

图 6-6 单相交流调压电路带阻感负载原理图

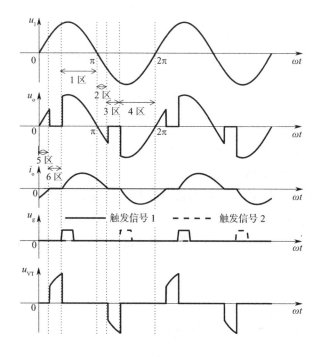

图 6-7 单相交流调压电路带阻感负载输出波形

（1）当 $u_1 > 0$ 且 $u_{g1} > 0$ 时,晶闸管 VT_1 承受正电压,且门极控制信号为正,因此为导通状态。晶闸管 VT_2 承受负电压,为关断状态。电路处于图 6-4（a）所示的工作状态 1,电路中形成电流回路（Ⅰ）,输出电压 $u_o = u_1$,电路输出曲线如图 6-7 中的 1 区所示。

（2）当 $u_1 < 0$ 且 $u_{g2} = 0$ 时,晶闸管 VT_2 承受正电压,准备导通,但是由于门极控制信号为零,因此为关断状态;由于负载中的电感作用,使电路中的电流无法突变,需要缓慢变为零,因此 VT_1 无法及时关断,需要提供续流回路。电路处于图 6-4(a)所示的工作状态 1,电路中形成电流回路（Ⅰ）,输出电压 $u_o = u_1$,电路输出曲线如图 6-7 中的 2 区所示。

（3）当 $u_1 < 0$, $u_{g2} = 0$,且电感中电流降为零时,晶闸管 VT_1 由于流经电流为零,且承受

负电压,因此为关断状态;晶闸管VT_2承受正电压,准备导通,但是由于门极控制信号为零,因此为关断状态。电路处于图6-4(c)所示的工作状态3,电路中无电流通路,输出电压和电流均为零,电路输出曲线如图6-7中的3区所示。

(4)当$u_1 < 0$且$u_{g2} > 0$时,晶闸管VT_2承受正电压,且门极控制信号为正,因此为导通状态;晶闸管VT_1承受负电压,为关断状态。电路处于图6-4(b)所示的工作状态2,电路中形成电流回路(Ⅱ),输出电压$u_o = u_1$,电路输出曲线如图6-7中的4区所示。

(5)$u_1 > 0$且$u_{g1} = 0$时,晶闸管VT_1承受正电压,准备导通,但是由于门极控制信号为零,因此为关断状态;由于负载中的电感作用,使电路中的电流无法突变,需要缓慢变为零,因此VT_2无法及时关断,需要提供续流回路。电路处于图6-4(b)所示的工作状态2,电路中形成电流回路(Ⅱ),输出电压$u_o = u_1$,电路输出曲线如图6-7中的5区所示。

(6)当$u_1 > 0$,$u_{g1} = 0$时,且电感中电流降为零时,晶闸管VT_2由于流经电流为零,且承受负电压,因此为关断状态;晶闸管VT_1承受正电压,准备导通,但是由于门极控制信号为零,因此为关断状态。

晶闸管VT_1承受正电压,准备导通,但是由于门极控制信号为零,因此为关断状态;晶闸管VT_2承受负电压,为关断状态。电路处于图6-4(c)所示的工作状态3,电路中无电流通路,输出电压和电流均为零,电路输出曲线如图6-7中的6区所示。

3. 斩控式交流调压电路带阻感负载

斩控式交流调压电路带阻感负载原理图如图6-8所示,包括四个晶闸管$VT_1 \sim VT_4$,一个电阻负载R,一个电感负载L,以及四个二极管$VD_1 \sim VD_4$。输出电压为电阻与电感串联形成的负载电压u_o,输出电流为i_o。该电路中的关键核心元器件为四个晶闸管,分别接收控制信号$u_{g1} \sim u_{g4}$。

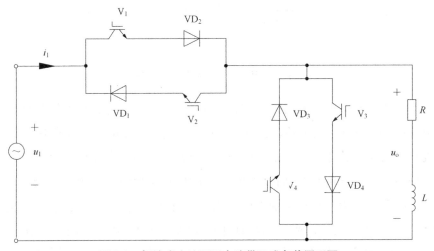

图6-8　斩控式交流调压电路带阻感负载原理图

斩控式交流调压电路主要靠全控型器件在外接正电压时的斩控效果,以实现输出电压的调节。V_1、V_2是斩控的主要开关,与VD_1、VD_2配合形成双向开关。V_1、VD_2组成输入$u_1 > 0$时的斩控通路,当控制信号$u_{g1} > 0$时,该通路导通。V_2、VD_1组成输入$u_1 < 0$时的斩控通路,当控制信号$u_{g2} > 0$时,该通路导通。V_3、V_4与VD_3、VD_4配合形成续流通路。通过调节VT_1、VT_2的导通时长t_{on}与周期T的关系,可以调节输出交流电u_o的有效值。

假设已知输入电路的交流电压u_1为正弦形式的交流电,且周期为2π。斩控式交流调压电路在 IGBT 触发信号的作用下,波形如图 6-9 所示。

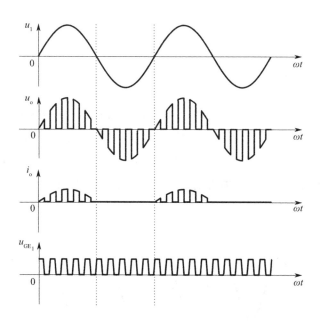

图 6-9　斩控式交流调压电路带阻感负载输出波形

6.2.2　三相交流调压电路

三相交流调压电路原理图如图 6-10 所示,包括三相交流电u_a、u_b、u_c,六个晶闸管$VT_1 \sim VT_6$,以及接在每相交流电输出端的负载。同时,包含一个公共端,形成三相四线形式。该种接法形成的三相交流调压电路,相当于三个单相交流调压电路的组合,每相调节电压靠两个反并联的晶闸管控制输出电压的幅值。a 相靠VT_1、VT_2控制,b 相靠VT_3、VT_4控制,c 相靠VT_5、VT_6控制。每相中的两个晶闸管均由一个负责正半周调节,另一个负责负半周调节。同时,三相相互错开$2\pi/3$工作。具体的工作过程分析见单相交流调压部分。

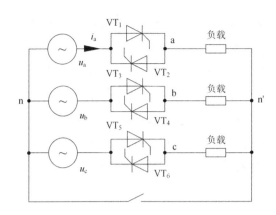

图 6-10   三相交流调压电路原理图

6.2.3   交流调功电路

交流调功电路与单相交流调压电路原理图相同,如图 6-3 和图 6-6 所示,主要区别在于,电力电子器件的控制方式。对于一些时间常数较大的负载,其对输入的交流电能频繁通断反映不是非常敏感,即可以采用交流调功电路。与交流调压电路相比,交流调功电路并不是每个周期都控制电力电子器件的通断,而是以周期为单位控制电力电子器件的通断,如图 6-11 所示。

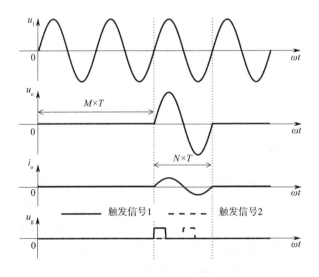

图 6-11   交流调功电路输出波形图

可见,当输入交流电周期为 T 时,整体控制周期为 $M \times T$,其中 M 为整体的周波数。电力电子器件将在前 N 个周期均关断,而在后 $M - N$ 个周期呈导通状态。

第 3 节　交流-交流变频电路

交流-交流变频电路的功能为改变输入交流电的频率,简单通过电子开关的通断控制,无法达到调节频率的目的,需要借助前面章节讲解的整流电路。依靠整流电路先将交流电处理为直流电,然后进行正半周与负半周的拼接,通过调节拼接时的整流输出周期,进而达到调节生成的交流电频率的目的,其结构如图 6-12 所示。

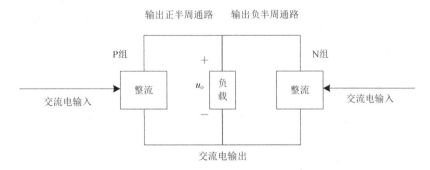

图 6-12　交流-交流变频电路结构

由图 6-12 可见,两个整流电路分别接收交流电,并处理为直流电供给负载。一组称为整流P组,另一组称为整流N组。P组负载需要提供变频后的交流电的正半周部分,N组负责提供变频后的交流电的负半周部分,故P组和N组的接法需要相反。由各自的整流单元控制模块,保证两组整流单元的配合工作,形成频率可调的交流电。以三相桥式整流为例,交流-交流变频电路原理图如图 6-13 所示。

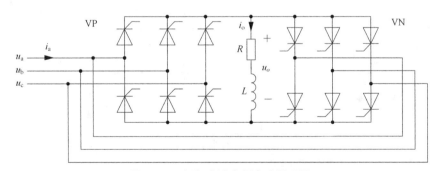

图 6-13　交流-交流变频电路原理图

第4节　交流-交流变换电路仿真

6.4.1　仿真环境搭建

在 Matlab 中采用 Simulink 环境进行交流调压电路的仿真模型搭建,整体环境与图 3-63 所示整流电路仿真环境相同,仅需更改其中第 5 部分电路具体内容。该部分将包含具体的交流调压电路拓扑结构,并涵盖组成该电路所需的电源输入部分、负载输出部分、电力电子器件部分、控制信号生成部分、数据传递记录部分等,并包含交流调压电路的能量流通路以及信息流通路。

6.4.2　交流-交流变换电路能量流通路搭建

以单相交流调压电路为例,交流-交流变换电路中的能量流通路如图 6-14 所示。

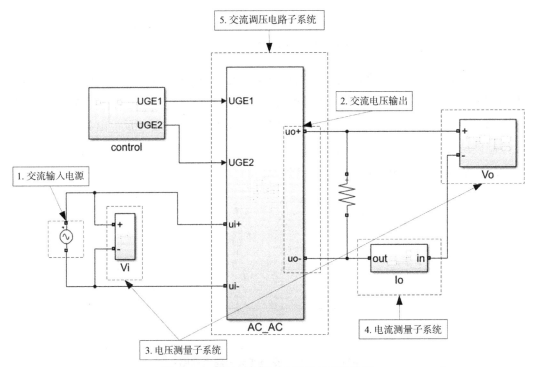

图 6-14　单相交流调压电路的能量流通路

图 6-14 中第 1 部分为交流输入电源;第 2 部分为交流电压输出,连接负载即可得到交流-交流变换结果;第 3 部分为电压测量子系统;第 4 部分为电流测量子系统;第 5 部分为交流调压电路子系统,功能为将交流电处理为电压有效值可调的交流电。具体程序如图 6-15 所示,包括电流通路、通路上的半控型电力电子器件晶闸管以及测量晶闸管两端

电压的电压测量子系统。

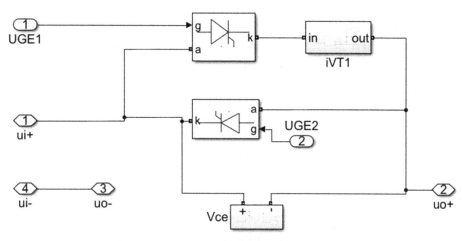

图 6-15 交流调压子系统搭建

6.4.3 交流-交流变换电路信息流通路搭建

交流调压电路中的信息流通路主要是提供晶闸管的控制信号,如图 6-16 所示,将生成的控制信号直接输入交流调压电路子系统中。

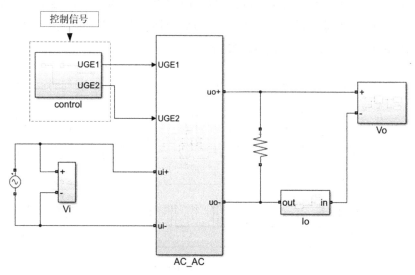

图 6-16 交流调压电路信息流通路搭建

6.4.4 仿真数据

以交流调压电路为例,选取电路参数,包括输入电源、负载、电力电子器件、控制输入等,见表 6-1。

表 6-1　交流调压电路仿真程序参数

序号	电路功能模块	程序对应模块名	参数名	取值
1	交流输入电源	AC Voltage Source	Peak amplitude（V）	100
2	交流输入电源	AC Voltage Source	Frequency（Hz）	10
3	交流输入电源	AC Voltage Source	Sample time	0.001
4	电阻负载	Parallel RLC Branch	Resistance R（Ohms）	2
5	晶闸管	Thyristor	Resistance Ron（Ohms）	0.001
6	晶闸管	Thyristor	Forward voltage Vf（V）	0
7	晶闸管	Thyristor	Snubber capacitance Cs（F）	0
8	控制信号 1	Pulse Generator	Amplitude	1
9	控制信号 1	Pulse Generator	Period（secs）	0.1
10	控制信号 1	Pulse Generator	Pulse Width（% of period）	10
11	控制信号 1	Pulse Generator	Phase delay（secs）	0.02
12	控制信号 2	Pulse Generator	Amplitude	1
13	控制信号 2	Pulse Generator	Period（secs）	0.1
14	控制信号 2	Pulse Generator	Pulse Width（% of period）	10
15	控制信号 2	Pulse Generator	Phase delay（secs）	0.07

　　运行仿真程序后,电路的输出数据将以矩阵的形式存储于内存空间中,使用绘图语句展示电路的输出结果,如图 6-17 所示。横轴为时间,纵轴为交流调压电路的输出电压、输出电流、触发信号、晶闸管两端电压等量。

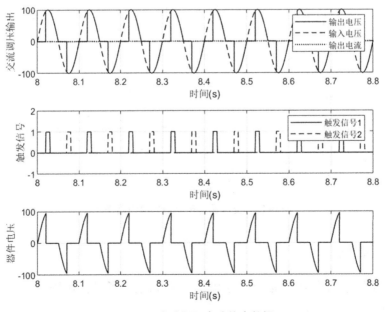

图 6-17　交流调压电路仿真数据

本 章 小 结

本章主要介绍了电力电子核心电能转化技术之一的交流-交流变换技术,将交流电转化为可调的交流电。由于采用的是交流电源作为输入,因此采用半控型器件晶闸管作为核心电子开关器件,其通断将受到外界控制信号和电源电压的共同影响。

交流-交流变换电路中同时运行着能量流通路和信息流通路,从能量流和信息流流通的角度,详细介绍了多种交流-交流变流电路的拓扑结构和工作原理。按输出交流电的类型分类,涵盖了单相交流-交流变换电路、三相交流-交流变换电路;按调节方式分类,涵盖了交流调压电路、交流调功、交交变频电路。分析交流-交流变换电路工作原理时,统一采用分段式分析法,将开关视为理想开关。

交流调压电路与交流调功电路均属于交流电力控制电路,其中交流调压电路通常应用于灯光控制、电动机调速等快速响应应用电环节,交流调功电路通常应用于加热温度控制等响应速度较慢的用电环节。交流-交流变频电路以整流技术和逆变技术为中间环节,是电力电子技术的灵活应用。

思考题与习题

1. 分析交流调压电路与交流调功电路的相同之处与区别。

2. 单相交流调压电路如图 6-3 所示,为电阻形式的灯光调节系统提供可调交流电。其控制角 α 的取值范围是多少? 输出功率最大值出现在 α 取值多少的时刻?

3. 若需要得到频率可变的交流电输出,需要如何设计电力电子电路,调节该电路中的什么参数可以使输出交流电频率发生改变?

素质拓展题

仿真实现交流调压电路与交流调功电路,并绘制输出电压曲线。

第7章　脉冲宽度调制控制技术

第1节　脉冲宽度调制控制基本原理

脉冲宽度调制（Pulse Width Modulation，PWM）控制是对一系列窄脉冲宽度进行调节的控制技术。

电力电子电路中，电力电子器件需要外接信号以控制其导通或关断。我们可以控制的就是这些电子开关在一个周期内的导通时长和关断时长，因此，电力电子器件接收到的往往为窄脉冲信号。如对于全控型器件 IGBT 而言，这些脉冲信号的宽度就决定了其导通的时长。对这些脉冲宽度的调节控制方法，将影响电能转换电路的工作过程和效果。

PWM 控制技术可以通过对一系列脉冲宽度的调节，得到正弦波或者所需要的其他波形等效的波形效果，达到改善电力电子电路输出波形的效果。其基本原理为采样控制理论中的面积等效原理，即冲量相等而形状不同的窄脉冲加在具有惯性的环节上时，其输出响应波形基本相同。冲量是指窄脉冲的面积。

以带有电感和电阻负载的电路模型为例，如图 7-1 所示。电源为冲量相等的输入窄脉冲，如图 7-2 中 u_{i1}、u_{i2} 所示，u_{i1} 为矩形窄脉冲，u_{i2} 为三角形窄脉冲。将这两个窄脉冲加在负载上，可以得到流经负载的电流基本相同，即输出效果基本相同。图 7-2 中 i_{d1} 为矩形窄脉冲生成的电流输出，i_{d2} 为三角形窄脉冲生成的电流输出。

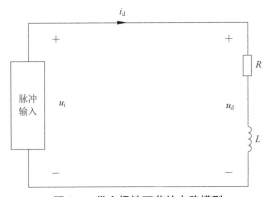

图 7-1　带有惯性环节的电路模型

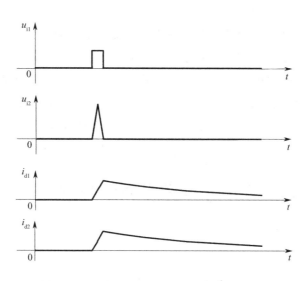

图 7-2　面积相同的窄脉冲

　　虽然不同输入信号使系统输出存在差异,但是差异很小。如果将输出波形进行傅里叶变换,可以得出其低频段非常接近,仅在高频段略有差异。

　　以逆变电路为例,第 5 章讲解的逆变电路输出为一系列的矩形波,虽然为交流电,但是形状并不是大家熟悉的正弦波。依据 PWM 原理,可以利用一系列窄脉冲将其近似为正弦波的形式,如图 7-3 所示,u 为逆变电路输出电压。

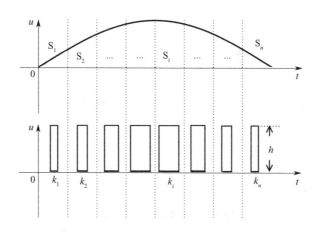

图 7-3　PWM 波代替正弦半波示意

　　利用等高的窄脉冲宽度的调节,以达到输出为正弦形式效果的调节方法称为 SPWM(正弦脉冲宽度调制)。SPWM 的具体调节过程如下。

　　首先需要将正弦波等分为 n 份,这些部分的特点为宽度相同,但是高度不同。在逆变电路中,采用的是对直流电的斩控方式得到希望的输出波形,而输入的直流电幅值是恒定的,高度不同的输出波形难以通过开关的通断直接获得。借助 PWM 等效原理,可以将波形高度的变化调节转变为宽度的变化调节。因此,第二步是计算出每个等分后正弦波小部分的面积S_i,并依据面积大小,在给定脉冲高度h的情况下,计算出对应的脉冲宽度k_i。依据面积等效原理,面积小的正弦部分将对应宽度较窄的脉冲,面积大的正弦部分将对应宽度较宽的脉冲。将每个窄脉冲与正弦波分成的每个部分的中点对应,生成一系列窄脉冲就可以代替正弦半波,形成可以通过斩控方式获得的 SPWM 波。

第2节　脉冲宽度调制控制方式

7.2.1　计算法

计算法即严格按照面积等效原理,计算出希望输出波形分割后的面积S_i。进而依据脉冲高度h,计算出对应的每个脉冲部分对应的宽度信息k_i。因此,每个脉冲的宽度和间隔均可以精确计算,并用以控制电力电子器件的通断,使通断时间也可以精确计算出来。

7.2.2　单极性调制法

调制法与计算法相对应,不用采用精确的面积计算得出一系列窄脉冲的宽度和间隔数据,而是采用信号相交法,直接获得能够输送给电子开关的通断控制信号,如图 7-4 所示。

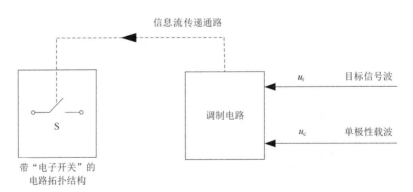

图 7-4　单极性调制法示意

调制电路将接收两个信号,目标信号波u_r和单极性载波u_c。目标信号波即希望得到的波形形状,如希望得到正弦形状波形效果,则u_r将被设置为正弦波。单极性载波是指符号单一的载波波形,其符号正负将与目标信号u_r符号一致。选择等腰三角形形状的周期信号作为载波,在正弦形式的目标信号波作用下,依据u_r与u_c的交点可生成 SPWM 波,作为电力电子器件的控制信号u_{GE},高电平时代表器件导通,低电平时,代表器件关断,如图 7-5 所示。

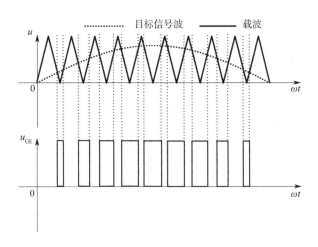

图 7-5　单极性 SPWM 信号生成示意

可见,等腰三角形的载波,具有波形任意一点水平宽度与高度成正比的特性。反向放置后,通过获取其与缓慢变化的正弦信号的交点,可以将正弦形状的高度变化线性转化为宽度变化,进而直接决定窄脉冲的宽度,控制电力电子器件的通断。当 $u_r > u_c$ 时,将生成矩形脉冲信号,对应开关导通信号。当 $u_r < u_c$ 时,将无信号产生,对应开关关断控制信号。单极性调制法即采用单极性载波获得 SPWM 信号的过程。

7.2.3　双极性调制法

双极性调制法基本原理与单极性调制法相同,均采用信号相交法,直接获得能够输送给电子开关的通断控制信号,如图 7-6 所示。

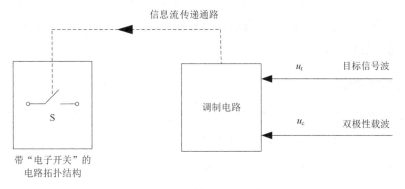

图 7-6　双极性调制法示意图

调制电路将接收两个信号,目标信号波 u_r 和双极性载波 u_c。目标信号波即希望得到的波形形状,如希望得到正弦形状波形效果,则 u_r 将被设置为正弦波。双极性载波是指每个周期内,正半周为正,负半周为负的载波波形。选择等腰三角形形状的周期信号作为载波,在正弦形式的目标信号波作用下,将生成 SPWM 波,如图 7-7 所示。

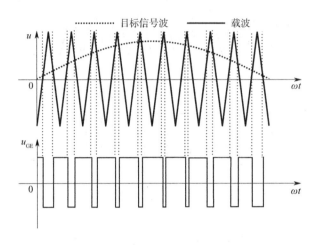

图 7-7   双极性 SPWM 信号生成示意

当 $u_r > u_c$ 时,将生成符号为正的矩形脉冲信号,对应电力电子电路中部分电子开关导通信号。当 $u_r < u_c$ 时,将生成符号为负的矩形脉冲信号,对应电力电子电路中另一部分电子开关导通控制信号。

7.2.4　异步调制法

在调制法中,目标信号波 u_r 和载波 u_c 均为周期信号,目标信号波 u_r 周期更长,频率更低。定义目标信号波 u_r 的频率为 f_r,载波 u_c 的频率为 f_c,目标信号波 u_r 的频率为 f_r 与载波 u_c 的频率为 f_c 之比称为载波比 $N = f_c / f_r$。当载波信号和目标信号波不保持同步,即载波比不固定时,称为异步调制法。采用异步调制法时,当目标信号波 u_r 的频率 f_r 发生变化时,载波 u_c 的频率 f_c 将保持不变。因此,在目标信号波的一个周期内,PWM 波的窄脉冲个数、相位等信息将不固定。

7.2.5　同步调制法

在调制过程中,保持载波信号和目标信号波同步,即载波比 N 固定时,称为同步调制法。因此,当目标信号波 u_r 的频率 f_r 发生变化时,载波 u_c 的频率 f_c 将随之改变。这使得在目标信号波的一个周期内,PWM 波的窄脉冲个数、相位等信息将保持不变。

第 3 节　基于脉冲宽度调制控制技术的电力电子电路

7.3.1　单相电压型桥式 SPWM 逆变电路

第 5 章中介绍的单相电压型桥式逆变电路,在全控型器件的控制下,输出交流电为矩形形式,如图 5-6 和图 5-17 所示,PWM 控制技术可以改善输出效果,将交流输出转化为等效的正弦形式。单相电压型桥式 SPWM 逆变电路原理图如图 7-8 所示,包括四个全控型器件V_1、V_2、V_3、V_4,分别接收四个控制信号u_{GE1}、u_{GE2}、u_{GE3}、u_{GE4}。控制信号将由 SPWM 波生成电路直接提供,其中调制电路将接收两个信号,目标信号波 u_r 和载波 u_c。电路负载为阻感负载,在续流二极管$VD_1 \sim VD_4$的作用下,输出电压波形将不受电感续流的影响,与窄脉冲形式的控制信号形状相同。

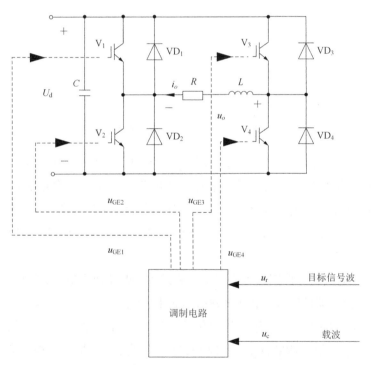

图 7-8　单相电压型桥式 SPWM 逆变电路原理图

在目标信号波 $u_r > 0$ 时,窄脉冲输出将成为控制信号u_{GE1}和u_{GE4},当$u_{GE1} = u_{GE4} > 0$时,V_1、V_4导通,输出电压$u_o = u_d$。当$u_{GE1} = u_{GE4} = 0$时,V_1、V_4关断,输出电压$u_o = 0$。

在目标信号波 $u_r < 0$ 时,窄脉冲输出将成为控制信号u_{GE2}和u_{GE3},当$u_{GE2} = u_{GE3} > 0$时,V_2、V_3导通,输出电压$u_o = -u_d$。当$u_{GE1} = u_{GE4} = 0$时,V_2、V_3关断,输出电压$u_o = 0$。

7.3.2　电流跟踪型 PWM 逆变电路

PWM 跟踪控制技术是指将电路输出电量与希望值进行比较得到误差值e,进而用误差值e代替 PWM 调制方法中的目标信号波 u_r。将其与载波信号 u_c 比较,依据比较结果生成控制全控型器件的控制信号u_{GE}。当跟踪的电量为电流时, PWM 跟踪控制技术结构如图 7-9 所示。

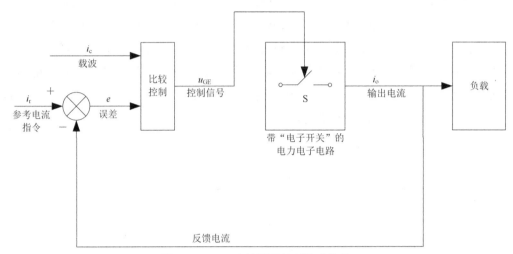

图 7-9　PWM 电流跟踪控制技术结构

可见, PWM 电流跟踪控制技术结构为典型的负反馈闭环控制结构。参考输入为输入电流指令 i_r,反馈信号为电力电子电路的输出电流 i_o,负反馈结构使参考输入与反馈信号相减,得到误差 $e = i_r - i_o$。控制逻辑主要为比较控制,将三角波形式的载波 i_c 与误差e比较,进而生成控制信号u_{GE},接入电力电子电路中的全控型开关,作为电路换流控制信号,改变输出电流 i_o。

采用 PWM 电流跟踪控制技术组成电流跟踪型 PWM 逆变电路,原理图如图 7-10 所示,包括两个全控型器件V_1、V_2,电感负载L,电感上流经的电流为逆变电路的输出 i_o,也称为反馈电流。电路中为了给电感电流提供续流通路,设置了两个续流二极管VD_1、VD_2。控制信号u_{GE1}、u_{GE2}分别控制V_1、V_2。参考输入为 i_r,载波信号 i_c 取双极性三角波,输入直流电为 u_d。

电流跟踪型 PWM 逆变电路中的全控型器件V_1、V_2采用互补导通的方式进行控制,即V_1通时V_2断,V_2通时V_1断。当V_1导通时负载电流将增加,当V_2导通时,负载电流将减少。其输出波形如图 7-11 所示。

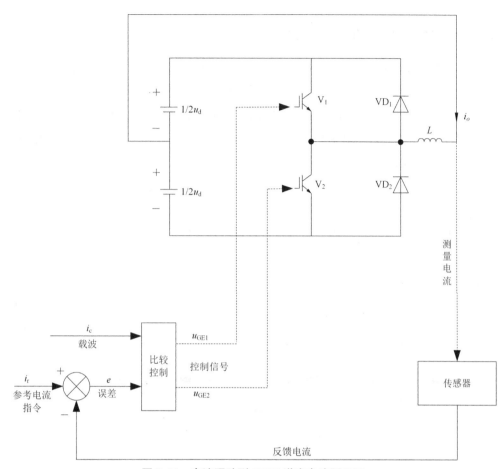

图 7-10　电流跟踪型 PWM 逆变电路原理图

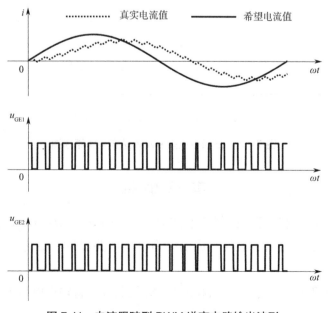

图 7-11　电流跟踪型 PWM 逆变电路输出波形

7.3.3　三相电压型 PWM 逆变电路

当需要三相交流电为输出时,需要采用三相逆变电路,如图 7-12 所示的三相电压型 PWM 逆变电路。PWM 逆变技术将使输出的三相交流电等效为三相正弦波的形式。调制环节将有四个输入,即 a、b、c 三相对应的目标信号 u_{ra}、u_{rb}、u_{rc} 分别为互差 $2\pi/3$ 的正弦波,以及一个三角波形式的载波信号 u_c。调制环节的输出也将有六个,分别为控制三相电压型逆变电路中六个全控型器件 $V_1 \sim V_6$ 的 $u_{GE1} \sim u_{GE6}$。

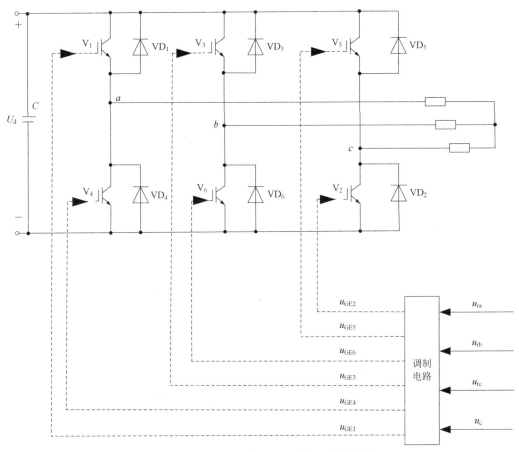

图 7-12　三相电压型 PWM 逆变电路原理图

本 章 小 结

本章主要介绍了脉冲宽度控制技术,该项技术以面积等效原理为理论支撑,为接受脉冲控制的全控型电力电子器件组成的电力电子电路提供了更为灵活和理想的控制方案。

如第 5 章介绍的逆变技术,可以利用 PWM 控制技术将输出电压等效控制为正弦形式;第 4 章介绍的直流斩波技术,可以利用 PWM 控制技术实现理想的直流输出电压控制;第 6 章介绍的斩控式调压电路,可以利用 PWM 控制技术进行全控型器件的通断控制。

思考题与习题

1. 简述 PWM 控制原理,并说明如何使用 PWM 波代替正弦波。

2. 简述单极性调制法与双极性调制法的概念,并阐述单极性调制法与双极性调制法的区别是什么?

3. 简述异步调制法与同步调制法的概念,并阐述各自特点。

4. 电流跟踪型 PWM 逆变电路中采用的是正反馈还是负反馈? 反馈的变量为输出电压还是输出电流?

素质拓展题

利用 PWM 控制技术改善第 5 章第 4 节讲解的逆变电路,尝试获得正弦波效果的交流输出。

第8章 电力电子开关应用相关技术

第1节 电力电子电路的换流方式

电流从一个支路向另一个支路转移的过程称为换流。电力电子电路的主要工作过程为利用电力电子开关的通断,对输入的电能进行转换和控制。电力电子电路中的电流将因为相关通路的开关通断状态而进行转换,因此采用分段分析法对电力电子电路中不同的支路工作原理进行分析。在电力电子电路换流的过程中,有些支路将从断态转换为通态,也有些支路将从通态转换为断态,并呈现周期特性。随着支路的转移,电流也将转移。换流存在于第3~6章讲解的四种电能转化电路中,对应图1-6中所示树形知识结构的四大分支关联的所有电力电子电路。依据换流的原因,换流方式可以分为四种,即电网换流、器件换流、负载换流、强迫换流。

8.1.1 电网换流

换流的发生依靠电网进行时,称为电网换流(Line Commutation)。电力电子电路中的开关器件为第2章介绍的半导体电力电子器件,这些器件均存在基本的外接正向电压导通及外接负向电压截止的特性,如第3章讲解的整流电路,采用电力二极管或晶闸管作为电路中的核心开关元器件,其换流过程主要通过电网的正负电压切换完成。因此,对于不可控器件和半控型器件组成的电力电子电路,其换流过程需要依靠交流电网完成。在交流电网正负电压切换的过程中完成电路支路电流的转换。

8.1.2 器件换流

换流的发生依靠器件进行时,称为器件换流(Device Commutation)。电力电子电路的换流过程,无法全部依靠外接电网。当外接电源为直流电时,输入电源极性将不再改变,没有正负电压的切换过程,无法改变电力电子器件的外接电压极性使其改变通断状态。或者当外接电源为交流电时,电力电子器件需要在其一个周期内,多次完成通断切换,也无法在电源极性没有变换的时间段内依靠电网实现换流。因此,需要借助其他方式使电力电子电路中的开关通断。

器件换流即依靠电力电子电路中的半导体器件本身完成电流支路的切换,具有器件换流能力的电力电子器件需要具有自关断能力,完全受器件控制端信号的通断控制。因此,采用全控型器件的电力电子电路,其换流方式均为器件换流。

8.1.3　负载换流

换流的发生依靠负载进行时,称为负载换流(Load Commutation)。电网换流及器件换流均需要对电网及器件提出要求,当不满足电网换流条件也不满足器件换流条件时,需要寻找其他的换流途径,达到电能转化与控制的目的。如外接直流电源,并采用半控型器件时,可以依靠负载进行开关通断,完成换流。这种情况需要对负载特性提出更为严格的要求,如第 5 章第 3 节讲解的单相电流型逆变电路,负载为容性负载时,负载中的电阻、电感和电容将形成并联谐振,振荡的电压将出现正负切换的状态,使电路中的半控型器件实现通断状态的转换,完成换流。

8.1.4　强迫换流

换流的发生依靠附加换流电路时,称为强迫换流(Forced Commutation)。当电力电子电路不满足电网、器件和负载的相关换流条件时,需要人为创造条件使电路完成换流。强迫换流即指外接额外的电路单元,负责解决换流问题,原理图如图 8-1 所示。

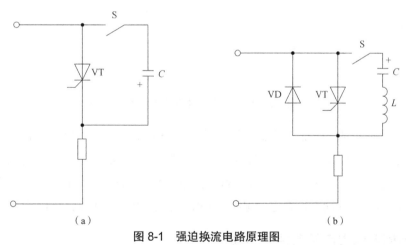

图 8-1　强迫换流电路原理图
（a）直接耦合式　（b）电感耦合式

强迫换流电路中通常在需要控制通断的电力电子器件附近,附加包含电容的电路环节,利用电容储存的能量,实现电力电子器件的通断控制。如直流耦合式强迫换流电路中,附加电容将直接为晶闸管提供关断电压,如图 8-1（a）所示。在电感耦合式强迫换流电路中,将通过电容和电感的耦合,实现振荡,进而实现对晶闸管的通断控制,如图 8-1（b）所示。

第2节　电力电子器件的驱动

8.2.1　驱动环节的基本概念

前述章节中介绍的电能转化电路的工作过程,均将电力电子器件视为理想开关,忽略了开关导通与关断的动态过程,没有考虑电力电子器件的动态特性。在实际应用过程中,电力电子主电路与生成电力电子器件控制信号的控制电路之间需要驱动环节,用以驱动电力电子器件,缩短开关所需时间,减少开关动态过程中的能量损耗,提升整体电路系统的运行效率、可靠性和安全性。电力电子器件驱动电路示意如图8-2所示。

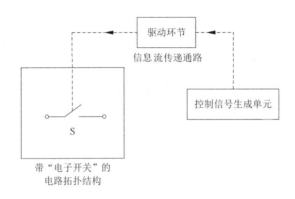

图8-2　电力电子器件驱动电路示意

驱动环节的主要作用是将控制信号的控制逻辑要求生成电力电子器件真正能直接接收的导通或关断电信号,实现控制逻辑。同时,驱动环节还将处理电压、电流均很大的主电路与电能信号较小的控制电路之间的电气隔离问题,一般采用光隔离或者电磁隔离,以使强电与弱电共同工作在电力电子电路中,让能量流与信息流共同工作。

8.2.2　半控型电力电子器件的驱动

对于半控型器件,驱动环节仅需提供导通控制信号,以晶闸管为例,由于该器件为电流驱动型器件,因此采用电流脉冲作为门极触发信号。门极触发信号需要满足宽度要求,即保证晶闸管可以可靠导通;还需要满足幅值要求,即脉冲电流的幅值应为器件最大触发电流的3~5倍;此外提供的触发脉冲不可超过晶闸管门极额定功率。晶闸管的触发脉冲理想波形如图8-3所示。

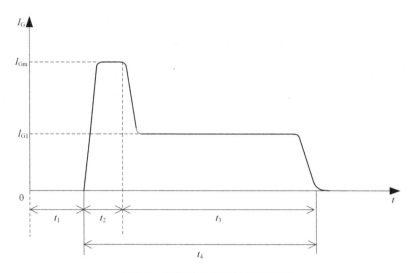

图 8-3 晶闸管触发脉冲理想波形

图 8-3 中, t_1 为等待时间; 触发过程分为 t_2 强触发部分和 t_3 平台触发部分, 强触发以较高电流保证了晶闸管的快速导通, 平台触发保证了晶闸管门极满足额定值条件; I_G 为门极触发电流; I_{G1} 为脉冲平顶幅值; I_{Gm} 为强脉冲幅值; t_4 为脉冲宽度。

8.2.3 全控型器件的驱动

对于全控型器件则需要提供导通控制信号和关断控制信号。全控型器件种类较多, 有的为电流驱动型, 有的为电压驱动型, 其电压或者电流驱动信号的理想波形如图 8-4 所示。导通时需要正的驱动信号, 且初始时刻需要值较高; 关断时需要负的驱动信号, 以保证器件关断。

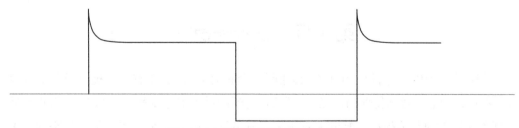

图 8-4 全控型器件驱动信号理想波形

第 3 节 电力电子器件的保护

电力电子器件作为电力电子电路中的核心装置, 需要保护其避免因为过电压或者过电流等原因造成的损坏。增加电力电子器件的保护措施, 可以提高整体电力电子电路的安全性。

例如,增设避雷器,引导雷电经避雷器入地,避免雷击对电力电子设施造成的过电压影响;增设接地的屏蔽层绕组,避免合闸瞬间产生过电压;增设快速熔断器,以保证出现过电流时及时切断电路;增设缓冲电路,抑制器件中产生的过电压、过电流以及快速的电流变化,并减少器件开关损耗,消耗及吸收额外储能。缓冲电路的基本形式如图 8-5 所示。

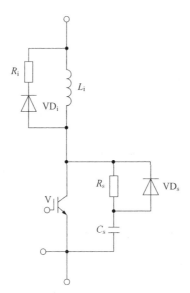

图 8-5   缓冲电路的基本形式

图 8-5 中, R_i、L_i、VD_i 组成的电路部分为电流缓冲电路,主要通过电感的储能作用缓冲流经全控器件V电流的快速突变; R_s、C_s、VD_s 组成的电路部分为电压缓冲电路,主要通过电容的储能作用缓冲全控器件V两端电压的快速突变。

第4节   软开关技术

实际的电力电子器件作为开关,其通断不会瞬时完成,需要有一个提升及降低的过程。在这种考虑了暂态特性的情况下,开关在通断的过程中电压和电流均不为零,重叠后会有较为显著的开关损耗。软开关技术可以降低这种频繁通断造成的不可忽略的开关损耗影响,通过增设并联谐振电感及电容单元,改变电路中的电压与电流的相位关系,使电压渐变过程与电流渐变过程错开,避免重叠。例如降压斩波电路中增设软开关环节,如图 8-6 所示,可以做到在开关导通前,使器件电压先降为零,以及关断前电流先降为零。

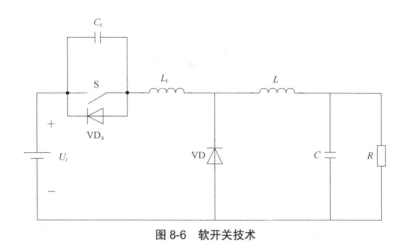

图 8-6　软开关技术

本 章 小 结

本章主要针对电力电子开关应用相关技术进行了讨论,包括换流方式、电力电子器件的驱动和保护以及软开关技术。

电力电子电路中应用的电力电子器件,使电路中的电流通路存在换流现象,电路形式不同,电力电子器件不同,换流方式也不同。此外,真实应用环境中,电力电子器件的特性也不是理想的开关,而是有暂态过渡过程,无法实现电压和电流的瞬时提升或下降,需要考虑驱动问题和开关消耗问题,可以通过在电路中增设相关环节的方式,逐一解决电力电子器件在实际应用中的问题。

思考题与习题

1.换流方式有哪几种？ 阐述每种换流方式适用的条件及其特点。

2.理想开关与实际电子开关的区别是什么？ 电力电子器件作为开关,其暂态过程会对电力电子电路产生什么影响。

素质拓展题

选择前序章节涉及的典型整流电路、逆变电路、直流斩波电路以及交流调压电路,分别分析其采用的换流方式。

参 考 文 献

[1] 王旭辉. 电网技术实现"中国创造""中国引领"[N]. 中国能源报, 2013-02-25(19).

[2] 马爱平, 鞠勇, 谭波. 高压直流输电领域再添两项我国主导的 IEC 标准 [N]. 科技日报, 2022-06-29(5).

[3] 石春琦. 全球新型显示、智能家居与汽车电子芯片的市场分析 [J]. 电子技术, 2019, 48(1): 25-27.

[4] 郑江平, 郭彭昱, 李东. 机车变流器便携式在线监测系统的设计 [J]. 现代工业经济和信息化, 2022, 12(1): 89-91.

[5] 王兆安, 刘进军. 电力电子技术 [M]. 5 版. 北京: 机械工业出版社, 2009.

[6] 洪乃刚. 电力电子技术基础 [M]. 北京: 清华大学出版社, 2015.

[7] 穆罕默德·H 拉什德. 电力电子学: 电路、器件及应用 [M]. 罗昉, 裴学军, 梁俊睿, 等译. 北京: 机械工业出版社, 2019.

[8] 苏莱曼 M 沙克, 穆罕默德 A 阿巴萨若, 乔治斯 I 欧凡纳达克斯, 等. 微电网中的电力电子变换器 [M]. 刘其辉, 译. 北京: 机械工业出版社, 2017.

[9] 林飞, 杜欣. 电力电子应用技术的 MATLAB 仿真 [M]. 北京: 中国电力出版社, 2009.